# 智能变电站继电保护系统
# 调试及运行

皮志勇 袁志军 杨铭 皮志军 编著

中国电力出版社
CHINA ELECTRIC POWER PRESS

## 内 容 提 要

近些年，通信网络技术、电子式互感器、在线监测技术、IEC 61850 规约研究应用逐渐走向成熟，智能变电站成为电力系统技术发展的必然选择。

本书围绕智能变电站继电保护调试方法展开论述，结合 220kV 智能变电站改造、新建过程中继电保护系统调试实践经验，对智能变电网络构建和继电保护系统调试等问题进行了研究。全书分为 6 章，分别是概述、智能变电站设备及组网、智能变电站二次回路、智能变电站继电保护系统作业安全措施、智能变电站继电保护系统调试、智能变电站继电保护系统运行规范及要求。并包含合并单元、智能终端的调试作业指导书，220kV 线路、主变压器、母线、母联继电保护装置检验报告 6 个附录。

本书可供从事继电保护及安全自动装置的安装和调试人员、变电站运行维护人员、变电运检管理人员使用和参考。

## 图书在版编目（CIP）数据

智能变电站继电保护系统调试及运行/皮志勇等编著. —北京：中国电力出版社，2017.2（2018.2 重印）

ISBN 978-7-5198-0156-4

Ⅰ.①智… Ⅱ.①皮… Ⅲ.①智能系统-变电所-继电保护 Ⅳ.①TM63-39②TM77-39

中国版本图书馆 CIP 数据核字（2016）第 320008 号

中国电力出版社出版、发行

(北京市东城区北京站西街 19 号　100005　http://www.cepp.sgcc.com.cn)

北京大学印刷厂印刷

各地新华书店经售

＊

2017 年 2 月第一版　2018 年 2 月北京第二次印刷

710 毫米×980 毫米　16 开本　12.125 印张　212 千字

印数 1501—3000 册　定价 45.00 元

# 前　言

随着电力系统的迅猛发展，变电站控制与保护系统在经历了电磁式、半导体和集成电路保护阶段后，于 20 世纪 90 年代发展到微机保护时代。经过 10 年发展，在解决间隔层设备大量数字信息共享与传输问题的过程中，变电站综合自动化技术迅猛发展，常规的模拟信号控制屏以及间隔层到站控层的电缆被取消，变电站自动控制与保护达到较高水平。但是在发展过程中，微机保护和综合自动化系统的一些不足也逐渐显露出来。之前，由于通信技术不完善，必须采用现场计算、小数据量低速数据传输方式，金属通信线路在恶劣的电磁环境中会受到强烈信号的干扰，直接造成信息传输速度低、数据信息不丰富、终端设备成本高等。近些年，通信网络技术、电子式互感器、在线监测技术、IEC 61850 规约研究应用逐渐走向成熟，智能变电站成为电力系统技术发展的必然选择。

按照坚强智能电网的规划，智能变电站已大范围的应用，更多的新设备已应用在智能变电站中。如何规范有效地进行继电保护调试，确保继电保护选择性、速动性、灵敏性、可靠性的要求，具有重要的意义。

本书围绕智能变电站继电保护调试方法展开论述，结合 220kV 智能变电站改造、新建过程中继电保护系统调试实践经验，对智能变电网络构建和继电保护系统调试等问题进行了研究。全书分为 6 章，分别是概述、智能变电站设备及组网、智能变电站二次回路、智能变电站继电保护系统作业安全措施、智能变电站继电保护系统调试、智能变电站继电保护系统运行规范及要求。并包含合并单元、智能终端的调试作业指导书，220kV 线路、主变压器、母线、母联继电保护装置检验报告 6 个附录。

本书为现阶段开展的智能化变电站现场调试工作提供了参考，是确保智能变电站顺利投产的有效途径。同时，也为产品检测、现场调试技术规范提供了依据，为智能变电站稳定运行提供了有力保障。

由于编者水平有限，书中难免存在疏漏之处，恳请广大读者批评指正。

编　者

2016 年 11 月

# 目　录

# 第1章

# 概　　述

随着电力系统的迅猛发展，变电站控制与保护系统在经历了电磁式、半导体和集成电路保护阶段后，于20世纪90年代发展到微机保护时代。经过10年发展，在解决间隔层设备大量数字信息共享与传输问题的过程中，变电站综合自动化技术迅猛发展，常规的模拟信号控制屏以及间隔层到站控层的电缆被取消，变电站自动控制与保护达到较高水平。但是在发展过程中，微机保护和综合自动化系统的一些不足也逐渐显露出来。之前，由于通信技术不完善，必须采用现场计算、小数据量低速数据传输方式，金属通信线路在恶劣的电磁环境中会受到强烈信号的干扰，直接造成信息传输速度低、数据信息不丰富、终端设备成本高等。近些年，通信网络技术、电子式互感器、在线监测技术、IEC 61850规约研究应用逐渐走向成熟，智能变电站成为电力系统技术发展的必然选择。

## 1.1　智能变电站概念

智能变电站是指采用先进、可靠、集成、低碳、环保的智能设备，以全站信息数字化、通信平台网络化、信息共享标准化为基本要求，自动完成信息采集、测量、控制、保护、计量和监测等基本功能，并可根据需要支持电网实时自动控制、智能调节、在线分析决策、协同互动等高级功能的变电站。

智能变电站以设备智能化为基础，具有变电设备的智能监控、供电安全的在线预警、薄弱环节的自动识别等功能。高可靠性的设备是变电站坚强的基础，综合分析、自动协同控制是变电站智能的关键，设备信息数字化、功能集成化、结构紧凑化、检修状态化是发展方向，运维高效化是最终目标。智能变电站由数字化变电站演变而来，经过多年的发展，技术已经日臻完善。智能变电站与传统变电站的差异主要体现在一次设备智能化和二次设备网络化两个方面。

一次设备的智能化和信息化是实现智能电网信息化的关键。采用标准的数字化、信息化接口，实现集在线监测和测控保护技术于一体的智能化一次设备，能实现整个智能电网信息流一体化的需求。一次设备智能化的电气设备主要包括电子式互感器（光电互感器）、智能组件、智能变压器及其他辅助设备。由于一次设备被检测的信号和被控制的操作驱动装置采用微机处理器和光电技术，从而简化了常规机电继电器及控制回路的结构，数字控制信号网络也取代了传统的导线连接。同时，电子式互感器（光电互感器）的大规模使用，为一次设备智能化提供了基础。数字化继电保护、在线监测等二次设备都被集中到了智能组件或一次设备内。可以说，智能变电站的设备层集成了传统变电站过程层、间隔层的全部功能。智能化一次设备可通过先进的状态监测手段、可靠的评价手段和寿命预测手段来判断一次设备的运行状态，并且在一次设备运行状态异常时对设备进行故障分析，其对故障的部位、严重程度和发展趋势做出的判断可识别故障的早期征兆，并可根据分析诊断结果在设备性能下降到一定程度或故障将要发生之前进行维修。通过对传统型一次设备进行智能化建设，可以实时掌握变压器等一次设备的运行状态，为科学调度提供依据。

智能变电站二次系统总体上把全站分为过程层、间隔层和站控层 3 层。其中，过程层设备包含变压器、断路器、电压互感器（TV）/电流互感器（TA）等及其所属的智能组件（MU＋智能操作箱）；间隔层设备一般指保护、测控等二次设备，实现使用一个间隔的数据并且作用于该间隔一次设备的功能，即与各种远方输入/输出、传感器和控制器接口；站控层主要包括自动化站级监视控制系统、站域控制、通信系统、对时系统等，实现面向全站设备的监视、控制、告警及信息交互功能，完成数据采集和监视控制（SCADA）、操作闭锁以及同步相量采集、电能量采集、保护信息管理等相关功能。变电站内的二次设备之间的连接全部采用高速的网络通信，而不再出现常规功能装置重复的 I/O 现场接口，通过网络真正实现数据共享、资源共享。可以说，二次设备网络化即是通过 IEC 61850 协议、光纤等设备实现分布式系统控制，从而代替总线方式，使得数据传输更加丰富、更加标准，这也为智能变电站"全景"式监控提供了保证。

## 1.2　智能变电站的特点

与常规变电站相比，智能变电站采用智能设备，自动完成信息采集、测量、控制、保护、计量和监测等基本功能，实现了范围更广、层次更深、结构更复杂的信息采集和处理，支持电网实时自动控制、智能调节、在线分析决策、协同互动等高级功能，实现了变电站技术水平和管理水平的全面提升。

从总体来看，智能变电站的主要技术特点有以下 3 个方面：

（1）能实现很好的低碳环保效果。在智能变电站中，传统的电缆接线不再被工程所采用，取而代之的是光纤电缆，在各类电子设备中大量使用了高集成度且功耗低的电子元件，此外，传统的充油式互感器也没有逃脱被淘汰的命运，电子式互感器将其取而代之。不管是各种设备还是接线方式的改善，都有效地减少了能源的消耗和浪费，不但降低了成本，也切实降低了变电站内部的电磁辐射等污染对人们和环境形成的伤害，在很大程度上提高了环境质量，实现了变电站性能优化，使之对环境保护的能力更加显著。

（2）具有良好的交互性。智能变电站的工作特性和所负担的职责，使其必须具有良好的交互性。它负责电网运行的数据统计工作，就要求其必须具有向电网回馈安全可靠、准确细致的信息的功能。智能变电站在实现信息的采集和分析功能后，不但可以将这些信息在内部共享，还可以将其和网内更复杂、高级的系统进行良好的互动。

（3）软、硬件高度集成。智能变电站的软件技术和硬件技术相辅相成，二者形成完美的协作。软件系统是保证智能变电站正常运行的灵魂和钥匙，其不但能够实现信息控制和监控功能，还可以将相量测量单元（PMU）、录波等功能进行集成，这就完成了变电站内部的区域失控防误闭锁、在线状态监督、远程操作等高级功能。对于保证日益庞大和复杂的电力系统安全稳定运行，提高自动化程度具有深远意义。

随着科学技术的不断发展和进步，变电站二次系统硬件中开始有了描述语言的硬件，描述语言的硬件的出现使智能变电站在设计应用上有了集成、自动及模型化的特点，使得硬件系统中出现了功能全面的模块化的规划，能够将一些不同的逻辑问题固化到智能变电站内部的设备上，由软件的控制到达硬件的应用，从而确保了设计应用的准确、可靠，同时也解决了信息传送中的关键问题。

从形式来看，智能变电站的主要特点有以下 6 个方面：

（1）在体系构架方面，完全遵循 IEC 61850 规范，系统建模标准化。统一的信息模型和信息交换模型解决了互操作问题，实现了信息共享，简化了系统维护、工程配置和工程实施。

（2）在信息采集与传输方面，采用全数字接口的二次设备，实现遥测、遥信全数字化高精度测量与同步采集。具有精确绝对时标，全站数据统一采集及标准方式输出共享方便。利用光缆代替传统电缆，长期困扰继电保护安全稳定运行的TA 开路、TV 短路、电磁干扰、一点接地等问题不复存在，节约了大量二次电缆和造价，体现了节能环保理念。

（3）在一次设备智能化方面，采用智能组件技术实现一次设备在线故障诊断，为运维自动化及设备全寿命周期管理提供技术支撑。以变压器为例，变压器智能组件集成控制、测量、状态监测、非电量保护等 IED，实现冷却器、中性点开关和有载分接开关的控制；实现油温、油位、本体瓦斯、压力释放、油位异常等非电量保护信号的测量与远传；实现变压器油色谱及微水、变压器套管、铁芯接地电流状态监测信息的就地采集与处理，以 DL/T 860 标准接入信息一体化平台。

（4）在监控系统方面，建立了全站信息一体化平台。信息一体化平台作为变电站全景数据收集、处理、存储的中心，融合监控、"五防"、保护故障信息子站、高级应用、状态监测、各类智能辅助系统等多套系统的信息及功能，简化了二次系统的配置，实现全景数据集成、标准化后统一上送，实现了源端维护。

（5）在高级应用方面，全站可灵活配置一键式顺序控制、智能开票、智能告警、故障分析综合决策，设备状态可视化、支撑经济运行与优化控制、源端维护等高级功能。使原先人工运维的工作全部实现自动化，为运维检修管理提供了可靠的技术保证。

（6）在站用电方面，全站站用交直流、逆变、通信等电源采用一体化设计、一体化配置、一体化监控。通过一体化监控模块将站用电源各子系统通信网络化，实现站用电源信息共享，并以 DL/T 860 标准接入信息一体化平台。同时，部分变电站采用太阳能清洁能源作为站用一体化电源系统的补充和备用，实现光伏电源并网运行，提高站用电设备运行可靠性。

 ## 1.3 智能变电站继电保护系统调试方法

### 1.3.1 调试技术的发展

智能变电站是在数字化变电站的基础上发展起来的，网络化信息共享是其重要特征，智能变电站与常规变电站调试与运维的差异，主要源自数据传输方式和网络通信技术的发展，具体体现在站内计算机监控、继电保护、网络通信系统的试验等方面。

（1）调试方法的变化。

1）规约的变化引起调试方法的变化。常规变电站采用 IEC 103 规约，而智能变电站采用 IEC 61850 规范，数据的通信传输方式、变电站信息模型发生了巨大变化。基于 IEC 61850 标准的智能变电站可实现功能自由分布，逻辑节点依赖通信网络实现信息传递和功能协同，功能间的信息流向关系则可以由规范化的变电站配置描述语言（SCL）来进行表达。

2）网络的变化引起调试方法的变化。过程层的网络使得原有大量电缆硬连接被以太网络所替代，原来的多条实际的连接点被一条虚拟化的网络线所替代。智能变电站实现了二次设备网络化，其测试内容不仅包括一般网络的时延、吞吐量、丢帧率等基本性能测试，还包括多层级联后性能及 VLAN 划分、优先级处理、端口镜像、广播风暴等功能要求。

（2）调试工器具的变化。智能变电站测试中出现了 IEC 61850 测试工具、数字化继电保护测试仪、网络报文分析仪等新型测试设备及工具，见表 1-1。测试工具从原来的模拟量向数字量转变，测试方法和要求也发生了变化，如原二次回路采用电信号连接无须考虑回路上的延时问题，而现在大量采用网络连接，需要验证各智能二次设备间的网络延时。

表 1-1 智能变电站调试试验项目所用设备

| 序号 | 系统名称 | 试验设备 |
|---|---|---|
| 1 | 继电保护系统 | 数字式继电保护测试仪 |
| 2 | 站内网络系统 | 网络性能测试仪、光纤检测仪 |
| 3 | 监控系统 | 数字式继电保护测试仪、综自测试仪、时间同步 SOE 测试仪 |
| 4 | 全站同步对时系统 | 变电站时间同步测试仪、时间同步 SOE 测试仪、综自测试仪 |
| 5 | 网络状态监测系统 | 便携网络分析仪 |
| 6 | 采样值系统 | 传统继电保护测试仪、电子式互感器校验仪、数字式继电保护测试仪 |
| 7 | 电能量信息管理系统 | 数字式继电保护测试仪、综自测试仪、标准信号源 |
| 8 | 远动系统 | 数字式继电保护测试仪、综自测试仪、时间同步 SOE 测试仪 |
| 9 | 其他常规仪器仪表 | 手持红外点温仪、光功率计、智能万用表、光纤检测仪、光纤熔接机 |

（3）调试安全措施上的变化。传统的二次回路设有压板等明显断开点，可保证检修、调试时的安全性。智能变电站全面采用网络通信，设备之间不存在明显的物理断开点，智能设备的运行检修与传统方式发生了巨大转变。跳闸方式发生了变化，保护装置出口采用软压板方式进行投退；程序化操作，IEC 61850 的应用使保护等二次设备具备远方操作的技术条件。

## 1.3.2 基本方法

智能变电站从结构上增加了过程层设备，其交流采集和保护开入以数字化方式提供信息，测试内容侧重于对合并单元、智能终端等装置的准确性、快速性和同步性等内容。总结智能变电站二次系统测试方法主要分为以下 3 种：

5

（1）利用继电保护测试仪器加量，实现对二次系统部分设备的单体测试，这种方法加入的信号为模拟信号，多应用于常规变电站。这种方法的优点是测试方法简单、直观，但不能满足二次系统的完整功能测试。

（2）通过一次设备加量，以实际互感器输出作为数据源，注入被测二次系统，通过其行为响应，判断功能的正确性。采用实际物理设备动态模拟一次系统，并按照变电站现场二次系统的保护配置情况，搭建过程层与间隔层之间的信息网络。在模拟各种故障的条件下对二次系统的功能进行测试。该方法虽然能有效检测二次系统，但由于动模系统的设备复杂、规模庞大，难以完成现场测试。

（3）通过产生网络报文，激励二次设备动作，以检查二次系统网络功能。该方法模拟过程层、间隔层报文，通过网络交换机链接到二次系统，以检查二次系统的行为。

# 第2章

# 智能变电站设备及组网

智能变电站二次系统按 Q/GDW 383—2009《智能变电站技术导则》的要求采用三层两网结构，全站设备分为站控层、间隔层和过程层，各层设备之间采用过程层网与站控层网进行连接，如图 2-1 所示。

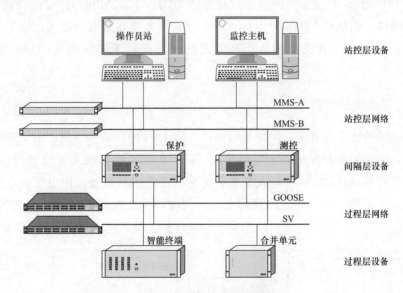

图 2-1　智能变电站网络结构

智能变电站按结构可分站控层设备、间隔层设备、过程层设备、站控层网络和过程层网络。

 **2.1　站控层设备及网络**

站控层设备主要用于集中监控变电站当前运行状态的信息。常规变电站根据监控的功能采用不同的计算机实现，智能变电站在监控策略上较常规变电站设备更集中、资源更共享。站控层设备采用一体化服务器，集后台监控系统、五防系统、在线监测系统为一体，实现了数据采集和统一存储、数据消息总线和统一访问接口以及人机对话功能。其中，人机对话功能指运行监视、操作控制、信息综合分析与智能告警、运行管理、辅助应用。实现了全站信息的统一接入、统一存储、统一展示。站控层设备均采用100Mbit/s的工业以太网，并按照IEC 61850标准进行系统建模和信息传输。

## 2.2 间隔层设备

间隔层设备主要指保护、测控、计量等二次设备。与站控层、过程层设备实现承上启下的通信功能。智能化保护、测控装置较常规装置也有所变化，一是全面支持 IEC 61850，设备的网络接口处理能力均大于 40Mbit/s；每个装置配置 4个以上网口，满足双 MMS 网和 GOOSE、SV 报文合并双网的接入。二是不重复配置模拟量输入、开关量输入、开关量输出插件，该插件功能由过程层设备实现。

### 2.2.1 智能保护装置

智能保护装置由电源、网络接口插件、CPU 处理器插件组成。由于采用数字信号后，保护装置背板接线大量被简化了，保护的二次接线几乎已被光纤取代，每个屏柜最多只有电源、失电及装置告警等硬接点信号需要使用电缆。电流电压采集和保护测控的开入开出均使用光纤。同时，压板的投退发生了很大的变化，除了检修压板外，功能、出口压板都采用软压板。智能保护装置如图 2-2 所示。

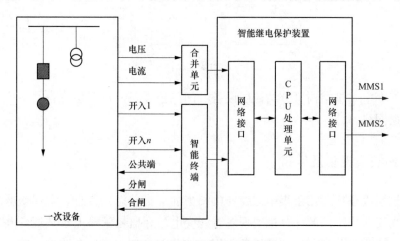

图 2-2　智能保护装置结构图

## 2.2.2 智能测控装置

智能测控装置由电源、网络接口插件、CPU 处理插件组成。智能测控装置功能与常规测控装置一样，实现全站监控。根据智能变电站继电保护和网络按双重化配置的要求，测控装置也需按双套配置。若将测控装置按双套配置，就难以保证控制信息的唯一性。为保证全站控制的唯一性，智能测控装置引入了"对上主备、对下双主"的概念，实现测控装置按单套配置并跨双网，网络控制上完全独立。智能测控装置如图 2-3 所示。

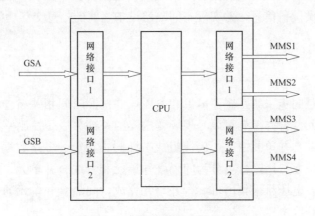

图 2-3　智能测控装置结构图

## 2.2.3 计量装置

目前，智能变电站的计量系统没有完全统一，主要是因为数字式电能表在运行中存在一些问题，因此关口计量通常采用常规电能表，非关口计量采用数字式电能表。常规电能表仍然采用常规电压并列装置。

## 2.2.4 其他设备

故障录波装置是常规变电站的记录装置，用于记录电气量故障时的故障波形和开关变位信号，在智能变电站内也有对应的装置，采集的是过程层的 SV 和 GOOSE 报文，功能和常规变电站的一样。220kV 及以上电压等级变电站宜按电压等级配置故障录波装置，主变压器故障录波装置宜独立配置。110kV 及以下变电站全站宜统一配置故障录波装置。

网络分析仪实现对全站各种网络报文的实时监视、捕捉、存储、分析和统计功能。网络分析仪在系统出现通信故障时起仲裁作用。

对时系统是智能变电站全站公用的时间同步系统，全站配置一套，主时钟应双重化配置，并支持北斗系统和 GPS 标准授时信号。过程层设备通过光 B 码的方式对时，间隔层设备仍然使用电 B 码对时。

##  2.3 过程层设备及网络

过程层是一次设备与二次设备的结合面，通过合并单元、智能终端及在线监测就地采集一次设备信息，并实现与间隔层设备之间的信息交互功能。

### 2.3.1 过程层设备

1. 合并单元

合并单元是同步采集互感器电流和电压，并按照时间相关组合将模拟量转换成数字量的单元。合并单元可以是现场变送器的一部分或是控制室中的一个独立的装置。典型的合并单元由 3 个模块组成，即同步功能、多路数据采集、接口功能模块。合并单元按用途分可分为间隔合并单元和母线合并单元。间隔合并单元仅采集电流量，电压量采集由母线合并单元完成，间隔合并单元通过与母线合并单元级联方式获取电压量。

2. 智能终端

智能终端是实现一次设备状态量转换和一次设备控制的智能单元。用电缆与一次设备连接，采集一次设备的状态量，用光纤与二次设备连接传递保护装置跳合闸命令、测控装置操作命令，具有传统操作箱功能和部分测控功能。其作用为：

（1）具有开关量采集功能。

（2）具有开关量输出功能。

（3）具有断路器控制和操作箱功能。

（4）具有完整的跳闸回路监测功能。

（5）配置足够数量的 GOOSE 网络接口，实现 GOOSE 报文的上传及接收功能。

（6）对于变压器本体，智能终端应具备常规主变压器非电量保护功能。

3. 过程层交换机

过程层交换机实现过程层网络信息交互，主要采用光电接口。交换机不仅被用于采集间隔层设备的数据，也是控制和保护动作的信息通道，因此交换机的可靠性、电磁兼容性能、实时性、通信功能、安全性等方面显得尤其重要，在通信管理上要与继电保护装置同等重要对待。国家电网公司 2010 年 3 月发布了 Q/GDW 429—2010《智能变电站网络交换机技术规范》，使得公司系统内智能变电站网络交换机选型、设备采购等工作有了遵循的依据。对智能变电站交换机的要求如下：

（1）当交换机用于传输 SMV 或 GOOSE 等可靠性要求较高的信息时，应采用光接口；当交换机用于传输 MMS 等信息时，宜采用电接口。

（2）交换机 MAC 地址缓存能力不小于 4096 个。

（3）交换机学习新的 MAC 地址速率大于 1000 帧/s。

（4）传输各种帧长数据时交换机固有时延应小于 $10\mu s$。

（5）交换机在全线速转发条件下丢包（帧）率为零。

### 2.3.2　过程层网络

过程层网均可采用星形连接，根据信息传输不同可组成 SV 网络和 GOOSE 网络。SV 网络主要实现合并单元与继电保护及安全自动装置采样值数据交换，GOOSE 网络主要实现智能电子设备信息交换，如图 2-4 所示。按双重化原则配置的保护，SV 网络和 GOOSE 网络应遵循相互独立的原则，当一个网络异常或退出运行时不应影响另一个网络。

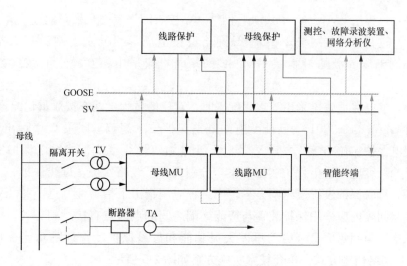

图 2-4　线路间隔网络示意图

（1）SV 网络。SV 网络的功能是将合并单元采集的电压、电流信号转换成数字信号，通过光电接口分别与保护装置、交换机相连，实现 SV 信息在网络上的交互。SV 网络主要供故障录波、网络分析仪、数字式电能表等智能设备。

（2）GOOSE 网络。GOOSE 网络的作用是实现智能终端、合并单元、保护测控等智能设备在网络上的信息交互，使告警信息、开关、隔离开关状态信息及保护间的联闭锁信息充分在网络上实现共享。图 2-4 中隔离开关位置信息在 GOOSE 网络上共享后，本间隔保护装置、母差保护装置、合并单元等装置都可共享该信息，解决了原来常规变电站采用点对点开关量接入的问题。

 **2.4 智能变电站组网及网络构建标准**

随着智能变电站技术的快速发展，国内各地纷纷展开智能变电站示范工程建设。然而目前各设备制造商对 IEC 61850 的理解仍存在差别，智能化建设模式千差万别，提供的产品接口各异且种类繁多，这些都严重制约了智能变电站的标准化建设与推广应用，因此国家电网公司制定了 Q/GDW 383—2009《智能变电站技术导则》和 Q/GDW 441—2010《智能变电站继电保护技术规范》，对智能变电站组网方案进行了规定。目前，智能变电站的 SV 网络和 GOOSE 网络设计按以下要求执行：

（1）过程层 SV 网络、GOOSE 网络、站控层网络应完全独立配置。

（2）过程层 SV 网络、GOOSE 网络宜按电压等级分别组网。变压器保护接入不同电压等级的过程层 GOOSE 网络时，应采用相互独立的数据接口控制器。

（3）继电保护装置采用双重化配置时，对应的过程层网亦按双重化配置。

Q/GDW 441—2010《智能变电站继电保护技术规范》附录 C 中提出了 3/2 接线继电保护实施方案、220kV 及以上变电站双母线接线型式继电保护实施方案、110kV 变电站继电保护实施方案，分别列举了线路保护、母线保护、主变压器保护、母联保护过程层组网方案，为工程应用指出了指导性意见。220kV 线路保护线路间隔内应采用保护装置与智能终端之间的点对点直接跳闸方式，保护应直接采样。跨间隔信息（启动母差失灵功能和母差保护动作远跳功能等）采用 GOOSE 网络传输方式。单套技术实施方案如图 2-5 所示。

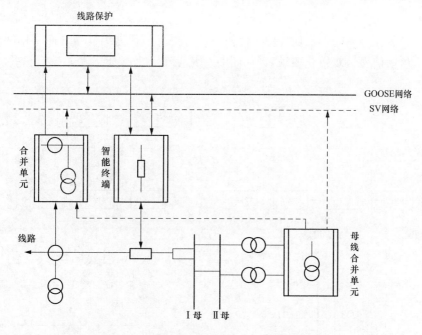

图 2-5 220kV 线路保护（单套）技术实施方案

## 2.5 网络构建工程应用

结合 220kV××变电站一次设备实际情况，就 220kV××变电站过程层组网的方案与厂家及设计院进行了沟通，针对 SV 网络是否考虑组网等问题进行了探讨，并对方案进行了比较，提出设计方案如下：

（1）220kV 过程层网络方案。参照《国家电网公司 2011 年新建变电站设计补充规定》（国家电网基建〔2011〕58 号）相关条款，220kV 过程层配置双重化的星形 GOOSE 网络和 SV 网络。GOOSE 网络和 SV 网络完全独立。

（2）110kV 过程层网络方案。由于 110kV 过程层采用保护测控一体化装置，保护测控装置与智能终端、合并单元采用点对点通信方式。仅网络分析仪和故障录波装置可通过过程层 GOOSE 网络采集保护测控及智能终端发出的信号，且 GOOSE 网络流量非常小，因此 110kV 过程层配置单星形 GOOSE 网络。

（3）35kV 不配置独立的过程层网络，GOOSE 报文通过站控层网络传输。

### 2.5.1 220kV 线路间隔网络构建

220kV 线路间隔的保护、合并单元、智能终端均独立双重化配置，测控装置单套配置，两套保护及测控装置共组一面屏，合并单元、智能终端就地安装，两套分别安装在连体的 A、B 智能组件柜中，保护屏和智能组件柜之间采用两根 24 芯光缆传输信号（双重化要求），如图 2-6 所示。

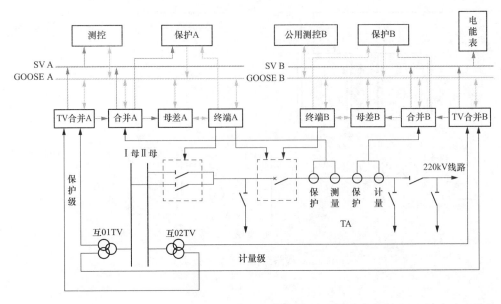

图 2-6    220kV 线路间隔网络示意图

A 套保护直采 A 套合并单元的电流、电压信号，通过 GOOSE A 网启动 A 套失灵保护，通过 A 套智能终端直接跳合闸，通过 GOOSE 网络采集开关状态信息，并在 GOOSE 网络上实现与其他间隔层设备的信息交互，如向故障录波装置传递开关跳闸信息、本间隔启动失灵保护信息等。

A 套合并单元直采 A 套 TV 合并单元的电压信号，直接接入一组保护级和一组测量级的电流模拟信号，通过 GOOSE A 网采集用于电压切换的隔离开关位置信号，并向 SV A 网和 GOOSE A 网发送电流、电压信号和相关告警信号。

A 套智能终端除完成 A 套保护的跳合闸、联闭锁信号采集和相关告警外，还完成该间隔所有一次设备的状态采集和远方、就地控制操作功能。

测控装置通过 SV A 网采集电流、电压信号，通过 GOOSE A 网接收智能终端、合并单元的状态和告警信号，并对一次设备进行遥控。

A、B 套过程层设备的主要区别是：合并单元的电压来自 B 套 TV 合并单元，电流一组接保护级绕组、一组接计量级绕组。B 套智能终端只采集本网络保护用的开关、隔离开关位置信号、联闭锁信号及相关告警信号，不采集一次设备的其他状态信号，也不对一次设备进行控制操作。B套合并单元、智能终端的告警信号通过过程层B网上传到220kV公用测控装置。

### 2.5.2 220kV 旁路兼母联间隔网络构建

220kV母联充电保护、合并单元均独立双重化配置，旁路保护、测控装置单套配置，合并单元、智能终端就地安装，两套分别安装在连体的A、B智能组件柜中。

母联保护和220kV线路间隔基本一样，不同的是母联保护不接受 TWJ、压力低、闭重、远跳等联闭锁信号，而智能终端通过 GOOSE 网络接收主变压器保护的跳闸命令。

旁路保护通过两套智能终端跳合闸，同时启动两套失灵保护，只接收 A 套智能终端的 TWJ、压力低、远跳信号，而闭重信号两套智能终端均宜接收。

220kV 旁路兼母联网络示意图如图 2-7 所示。

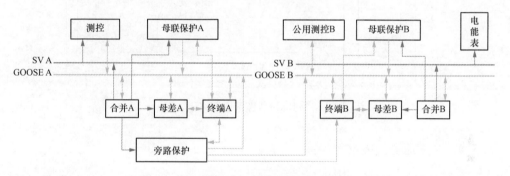

图 2-7 220kV 旁路兼母联网络示意图

开关总位置、隔离开关位置通过直跳光纤送给母线保护，母差用开关总位置信号应三相合才能合，而测控装置需要的开关、隔离开关总位置信号应一相合则能合，以满足微机"五防"的需要，不同的总位置信号可以通过智能终端或后台合成。

### 2.5.3 110kV 线路间隔网络构建

110kV线路保护测控一体化配置，两个间隔组一面屏，合并终端也采用一体化装置，就地安装在智能组件柜中。

保护测控装置直采合并终端的电流、电压信号，通过 GOOSE 网络启动110kV 失灵保护，通过合并终端直接跳合闸，通过网络传输测控信号及保护用的联闭锁信息。

合并终端直采110kV-B套TV合并单元的两段电压信号，直接接入一组保护级和一组计量级的电流模拟信号，装置失电告警通过TV智能终端上送，TV智能终端失电告警通过公用测控装置上传。

110kV线路间隔网络示意图如图2-8所示。

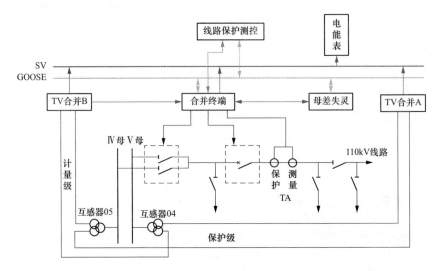

图2-8　110kV线路间隔网络示意图

### 2.5.4　主变压器间隔网络构建

保护采用主保护、后备保护一体双重化配置，高、中测控均独立配置，保护和测控各组一面屏，高压侧的合并单元、智能终端独立双重化配置，就地安装在连体的A、B智能组件柜中，中、低压侧的合并单元、智能终端采用一体装置（工程上将该一体化装置称为合并终端），并按双重化配置，其中中压侧过程层设备就地安装在中压侧智能组件柜中，低压侧过程层设备就地安装在开关柜上，本体保护的合并终端按单套配置，就地安装在本体智能组件柜中。

高、中压侧的网络配置同相应电压等级的线路间隔，不同的是合并单元除采集本间隔的电流、电压信号外，还需采集主变压器中性点电流和间隙电流，主变压器保护通过网络跳高、中压侧母联开关、过负荷闭锁调压及启动风冷，解除对应失灵保护的复压闭锁，接收失灵联跳主变压器三侧命令，由于无重合闸，保护不需要压力低、闭重、KKJ合后等联闭锁信号，因此保护的性能也完全不依赖于网络。

主变压器低压侧的 A 套合并终端直接接入保护级的电压、电流，用于主变压器 A 套保护和测量；B 套合并终端直接接入计量级电压和保护级电流，用于主变压器 B 套保护和计量；主变压器保护跳低压侧分段开关采用直接驱动合并终端的一个中间继电器，再经硬压板通过电缆出口。

　　本体保护测控装置除了对主变压器本体进行测控外，还对非电量保护实现直接就地跳闸（经电缆），并通过 GOOSE A 网接收过负荷闭锁调压、启动风冷的命令。如图 2-9 所示。

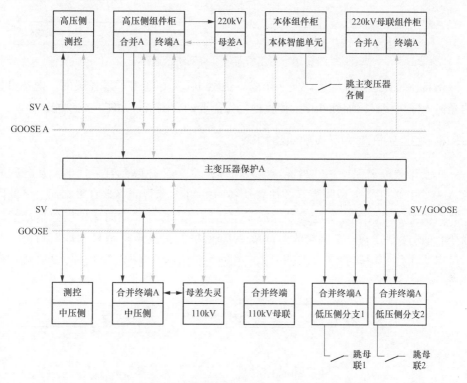

图 2-9　主变压器间隔网络示意图

## 2.5.5　备自投网络构建

　　备自投网络配有独立的装置，分别从 220kV-SV A 网、110kV-SV 网和 10kV-SV/GOOSE 网采集各侧电压和两台主变压器高、中压侧电流信号，从 220kV-GOOSE A 网、110kV-GOOSE 网和 10kV-SV/GOOSE 网采集主变压器开关位置、电厂开关位置、主变压器后备保护以及手跳闭锁备自投信号，并向主变压器各侧开关发送跳合闸命令。如图 2-10 所示。

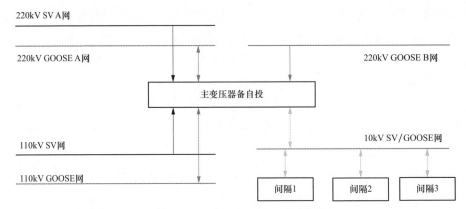

图 2-10　主变压器备自投网络示意图

　　备自投装置宜单独配置，便于检验，虽然 10kV 专门组了过程层网，把备自投的光输入输出接口压缩到 6 个，但目前仍然需要两台测试仪才能完成功能试验。

### 2.5.6　220kV 母差失灵保护网络构建

　　A 套母差失灵保护独立组屏，两段电压从 TV 合并单元直采，电流从各间隔的 A 套合并单元直采，隔离开关位置从各间隔的 A 套智能终端直采，通过各间隔 A 套智能终端直跳（在智能终端完成闭重功能，并通过终端向保护发停信或远跳命令），通过 GOOSE A 网接收各间隔 A 套保护的失灵启动信号（如有可能，今后可考虑由终端中转失灵启动信号），并向主变压器 A 套保护发送失灵联跳三侧信号。如图 2-11 所示。

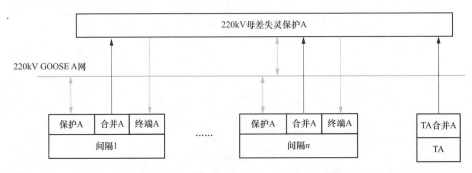

图 2-11　220kV 母差失灵保护网络示意图

### 2.5.7　稳控系统网络构建

　　稳控装置从相关 220kV 间隔 B 套合并单元直采电流电压信号，从 GOOSE

A、B 网上分别采集相关间隔的保护跳闸信号和开关位置信号，直跳各负荷开关。如图 2-12 所示。

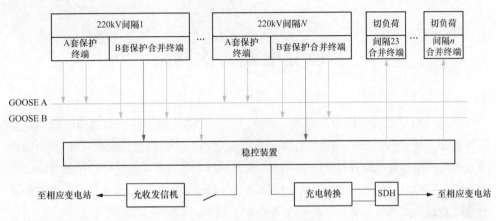

图 2-12　稳控装置网络示意图

　　稳控装置的策略判据多采用同一个合并单元的电流、电压信号，因此和保护装置一样不受同步时钟的影响，而稳控装置的使用多用于热稳定，动作时间不要求非常快速，网采网跳完全能够满足稳控装置的要求。

# 第3章

## 智能变电站二次回路

智能变电站二次回路指互感器、合并单元、智能终端、保护及测控装置、交换机等智能装置之间的逻辑和物理连接。智能变电站二次回路包括光缆（纤）、电缆回路，电缆回路与常规综合自动化变电站二次相同，光缆（纤）回路是连接各智能二次设备的主要通道，也是智能变电站中信息交互及数据流的重要通道。工程应用中根据智能设备的用途和过程层端口的配置原则进行设计、施工，以保证智能设备正常运行。

 **智能设备过程层端口**

智能设备过程层端口是智能变电站二次回路的重要组成部分，在工程应用中

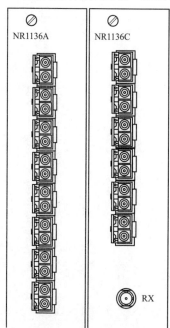

图 3-1　PCS-931 线路保护装置
以太网 DSP 插件端口

只有了解各设备端口的定义，才能保障回路的正确性，下面分别以南瑞继保、北京四方、许继及国电南自的继电保护、合并单元、智能终端为例，介绍各智能设备的过程层端口。

### 3.1.1　线路保护装置过程层端口

1. PCS-931 系列线路保护装置过程层端口

PCS-931 系列是由微机实现的数字式超高压线路成套快速保护装置，可用作 220kV 及以上电压等级输电线路的主保护及后备保护。

装置的以太网 DSP 插件（NR1136A）配置 2～8 个百兆光纤以太网接口和可选的 IRIG-B 对时接口。插件支持 GOOSE 功能和 IEC 61850-9-1/2 规约，完成保护从合并单元接收数据、发送 GOOSE 命令给智能操作箱等功能。支持 IEEE 1588 网络对时，可选 E2E 或 P2P 方式。插件端口配置如图 3-1 所示。

220kV 智能变电站工程应用的插件端口的定义见表 3-1。

表 3-1　　　　　　　　　　PCS-931 以太网 DSP 插件端口定义

| 以太网 DSP 插件端口 | 定义 | 类型 |
| --- | --- | --- |
| 1 | GOOSE 组网 | GOOSE |
| 2 | SV 直采 | SV |
| 3 | GOOSE 直跳 | GOOSE |

2. CSC-103B/E 系列保护装置过程层端口

CSC-103B/E 数字式超高压线路保护装置适用于 220kV 及以上电压等级的高压输电线路，满足双母线、3/2 断路器等各种接线方式的数字化变电站。

CSC-103B/E 数字式超高压线路保护装置的插件配置包括保护 CPU 插件、测控 CPU 插件（可选）、管理板、GOOSE 插件、开入插件、开出插件、电源插件。另外，装置面板上配有人机接口组件。装置的 CPU 插件（X2 插件）提供三组光以太网口与合并单元 MU 相连，接收模拟量采样数据。插件端口定义见表 3-2，端口配置如图 3-2 所示。

表 3-2　　　　　　　　　　CSC-103B/E CPU 插件端口定义

| CPU 插件端口 | 直采方式下 | 单网方式 | 冗余双网方式 | 类型 |
| --- | --- | --- | --- | --- |
| A | SV 直采 | 组网口 | 组网口 | SV |
| B | SV 直采 | 备用 | 组网口 | SV |
| C | SV 直采 | 备用 | 备用 | SV |

装置的 GOOSE 插件提供三组光以太网口与交换机（或其他智能终端）相连，接收和发送数字信号。插件端口定义见表 3-3，在直采直跳方式下，对于 3/2 接线方式，B 口接中开关，C 口接边开关；其他方式下，B 口接开关，C 口为备用。端口配置如图 3-3 所示。

3. WXH-803B/G 系列线路保护过程层端口

WXH-803B/G 系列保护装置为数字式超高压线路快速保护装置，用作 220kV 及以上电压等级输电线路的主保护及后备保护。装置由过程层接口插件（3 号）、CPU 插件（7 号）、稳压电源（A 号）及备用插件组成。

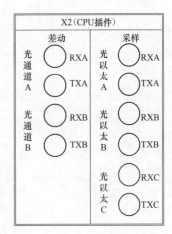

图 3-2　CSC-103B/E 线路保护
CPU 插件过程层端口配置

表 3-3 CSC-103B/E GOOSE 插件端口定义

| GOOSE 插件端口 | 直采方式下 | 单网方式 | 冗余双网方式 | 类型 |
|---|---|---|---|---|
| A | 组网口 | 组网口 | 组网口 | GOOSE |
| B | 直采直跳口 | 备用 | 组网口 | GOOSE |
| C | 直采直跳口 | 备用 | 备用 | GOOSE |

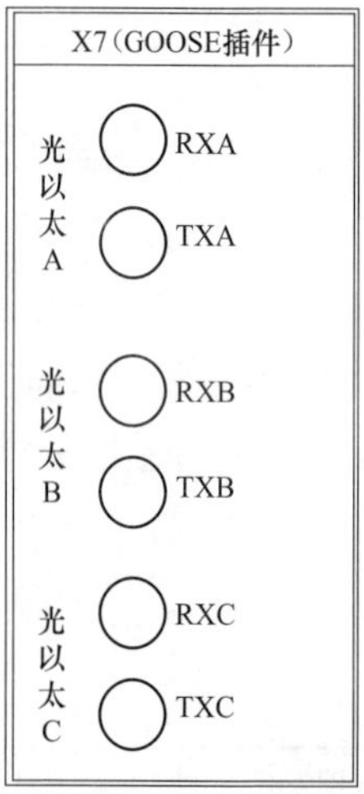

过程层接口插件（3号）作为保护装置的过程层以太网接口单元，主要完成保护装置与过程层合并器或交换机的通信，通过多模光纤接收来自电子互感器的交流量数字信号；经过预处理后与保护主 CPU 通信，此外，本插件处理器还可完成与保护 CPU 插件一致的保护启动逻辑，仅当保护启动后才允许 GOOSE 跳闸信号发出。插件有 3 个 GOOSE 光以太网口，3 个 9-2 SV 光以太网口和一个调试电以太网口。插件端口定义见表 3-4，配置如图 3-4 所示。

4. PSL-603U 系列线路保护装置过程层端口

PSL-603U 系列线路保护装置可用作 220kV 及以上电压等级输电线路的主保护及后备保护。装置由前置模件（CC）、保护功能模件（CPU）、人机对话模件（HMI）、开入开出模件（DI0. Y）、电源模件（POWER）等组成。前置插件（$CC_E$ 插件）用于过程层接口，插件同时具备 SV 和 GOOSE 功能，光口 0 固定为 SV 扩展用，并固定与保护 CPU 板光纤口 0 连接，端口具体定义见表 3-5，端口配置如图 3-5 所示。

图 3-3 CSC-103B/E
线路保护 GOOSE 插件
过程层端口配置

X7（GOOSE插件）

光以太A　RXA　TXA
光以太B　RXB　TXB
光以太C　RXC　TXC

表 3-4 WXH-803B/G 过程层接口插件端口定义

| 过程层插件端口 | 220kV | 500kV | 类型 |
|---|---|---|---|
| ETH1 | 组网口 | 组网口 | GOOSE |
| ETH2 | 直跳口 | 直跳口 1 | GOOSE |
| ETH3 | 直采 | 直跳口 2 | SV/GOOSE |
| ETH4 | 备用口 | 边开关电流 | SV |
| ETH5 | 备用口 | 中开关电流 | SV |
| ETH6 | 备用口 | 线路电压 | SV |

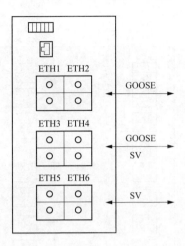

图 3-4 WXH-803B/G 保护装置 CPU 插件过程层端口配置

表 3-5                                    PSL-603U 前置插件端口定义

| CC 板端口号 | 双母接线 | 3/2 断路器接线 | 备注 |
|---|---|---|---|
| 0 | 连接 CPU2 的光口 | 连接 CPU2 的光口 | SV 级联 |
| 1 | 连接 CPU2 的光口 | 连接 CPU2 的光口 | GOOSE 级联/调试口 |
| 2 | 连接间隔合并单元 | 连接边开关电流合并单元 | 用于 SV 点对点连接 |
| 3 | SV 备用 | 连接中开关电流合并单元 | |
| 4 | SV 备用 | 连接电压合并单元 | |
| 5 | 连接开关智能终端 | 边开关智能终端 | 用于 GOOSE 点对点连接 |
| 6 | GOOSE 备用 | 中开关智能终端 | |
| 7 | 用于 GOOSE 组网口 | 用于 GOOSE 组网口 | 用于 GOOSE 组网连接 |

## 3.1.2 主变压器保护装置过程层端口

1. PCS-978 系列过程层端口

PCS-978 系列数字式变压器保护适用于 35kV 及以上电压等级，需要提供双套主保护、双套后备保护的各种接线方式的变压器。装置由 MON 插件、保护 DSP 插件、起动 DSP 插件、光纤以太网 DSP 插件（NR1136）、电源插件等组成。

装置配置三块光纤以太网 DSP 插件（NR1136），插件通过多模光纤接口从合并单元实时接收同步采样数据，插件支持 GOOSE 与 SMV 采样功能，NR1136 型插件支持 9-2 点对点和组网的采样值传输方式。以太网 DSP 插件端口配置如图 3-6 所示。

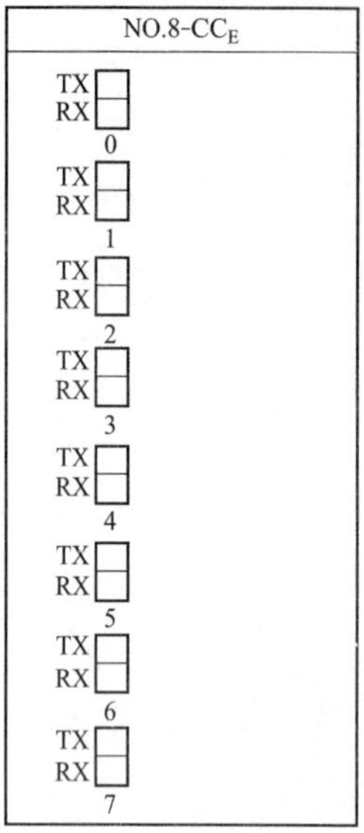

图 3-5　PSL-603U 系列
线路保护装置前置
插件过程层端口配置

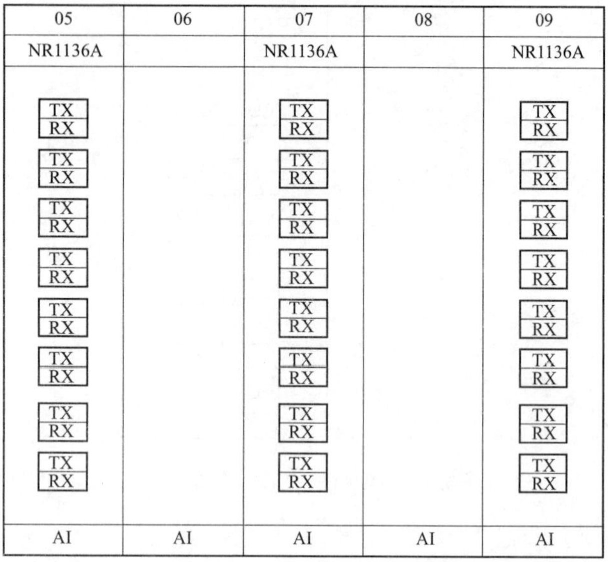

图 3-6　PCS-978 主变压器保护装置以太网 DSP
插件过程层端口配置

以太网 DSP 插件 B07 负责装置高、中压侧 SV 输入和失灵联跳输入 GOOSE 接收，并可以发送保护跳闸命令，B09 的 1136 插件负责低压侧 1、2 分支和低压侧电抗器 SV 输入，并负责发送保护跳闸命令。220kV 变电站工程应用中以太网 DSP 插件的端口定义见表 3-6。

表 3-6　　　　　　　PCS-978 主变压器保护装置工程应用端口定义

| B07 | | | B09 | | |
|---|---|---|---|---|---|
| 端口 | 定义 | 数型 | 端口 | 定义 | 数型 |
| 1 | 高压侧 GOOSE 组网 | GOOSE | 1 | 低压侧直采直跳 | SV |
| 2 | 中压侧 GOOSE 组网 | GOOSE | 2 | 备用 | SV/GOOSE |
| 3 | 高压侧 SV 直采 | SV | 3 | 备用 | SV/GOOSE |
| 4 | 高压侧直跳 | GOOSE | 4 | 备用 | SV/GOOSE |
| 5 | 中压侧直采直跳 | SV/GOOSE | 5 | 备用 | SV/GOOSE |
| 6 | 备用 | SV/GOOSE | 6 | 备用 | SV/GOOSE |
| 7 | 备用 | SV/GOOSE | 7 | 备用 | SV/GOOSE |
| 8 | 备用 | SV/GOOSE | 8 | 备用 | SV/GOOSE |

2. CSC-326 系列过程层端口

CSC-326 数字式变压器保护装置采用保护功能主后一体化的设计原则，可支持测控功能,适用于数字化变电站。装置由 CPU 插件、DM 插件、管理插件、GOOSE 插件、开入开出插件、电源插件组成。

CPU 插件主要完成采样、送模拟量及开入量信息、保护动作原理判断、事故录波、软硬件自检等功能,每块插件可以接收 3 个合并单元的数据,工程中可按高、中、低压侧及本体等顺序灵活配置。端口配置如图 3-7 所示。

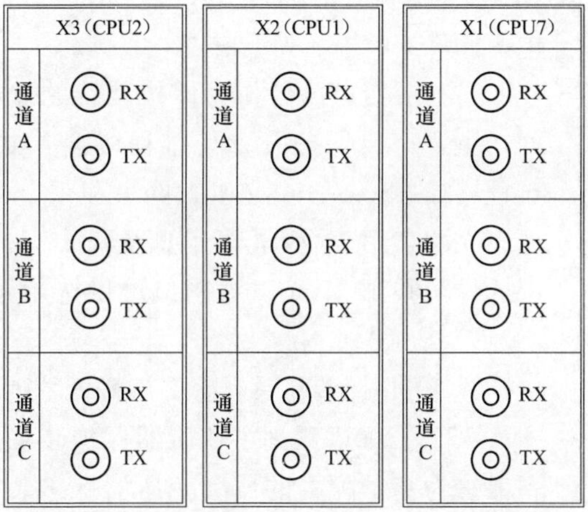

| X3(CPU2) | | X2(CPU1) | | X1(CPU7) | |
|---|---|---|---|---|---|
| 通道A | ◎ RX ◎ TX | 通道A | ◎ RX ◎ TX | 通道A | ◎ RX ◎ TX |
| 通道B | ◎ RX ◎ TX | 通道B | ◎ RX ◎ TX | 通道B | ◎ RX ◎ TX |
| 通道C | ◎ RX ◎ TX | 通道C | ◎ RX ◎ TX | 通道C | ◎ RX ◎ TX |

图 3-7    CSC-326 装置 CPU 插件过程层端口配置

装置配置三块 GOOSE 插件,每块 GOOSE 插件具备 3 个 100M 光纤 SC 接口,可以满足过程层组建 GOOSE 网络需求,与智能操作箱配合可实现点对点 GOOSE 跳闸方式。端口配置如图 3-8 所示。

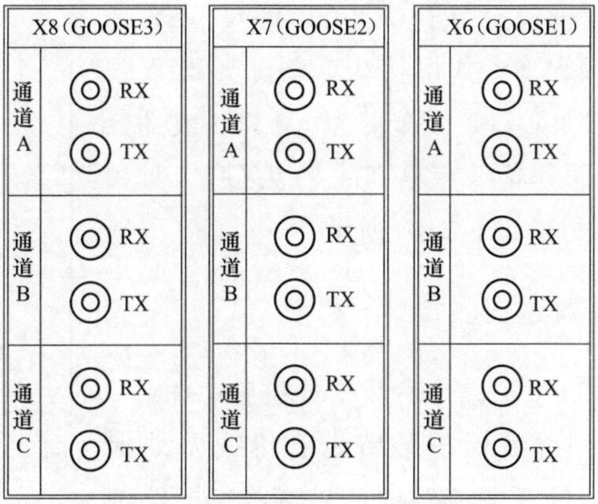

| X8(GOOSE3) | | X7(GOOSE2) | | X6(GOOSE1) | |
|---|---|---|---|---|---|
| 通道A | ◎ RX ◎ TX | 通道A | ◎ RX ◎ TX | 通道A | ◎ RX ◎ TX |
| 通道B | ◎ RX ◎ TX | 通道B | ◎ RX ◎ TX | 通道B | ◎ RX ◎ TX |
| 通道C | ◎ RX ◎ TX | 通道C | ◎ RX ◎ TX | 通道C | ◎ RX ◎ TX |

图 3-8    CSC-326 装置 GOOSE 插件过程层端口配置

ETH1　ETH2

ETH3　ETH4

ETH5　ETH6

ETH7　ETH8

图 3-9　过程层接口
插件端口配置

**3. WBH-801 系列主变压器保护装置过程层端口**

WBH-801 系列保护装置为微机实现的数字式超高压变压器保护装置，用作 220kV 及以上电压等级变压器的主保护及后备保护。装置由开入插件（2 号）、保护 CPU 插件（4 号）、过程层接口插件（6 号和 7 号）、接口 CPU 插件（9 号）、脉冲扩展插件（A 号、用于 B 码对时接入）、稳压电源插件（C 号）等组成。

过程层接口插件作为保护装置的过程层以太网接口单元，主要完成保护装置与过程层合并器或交换机的通信。过程层插件设置 8 个光以太网口和 1 个调试用电以太网口。电以太网口用于输入配置信息及调试。本装置配置两块过程层插件，共 16 个光以太网口可供选用。端口配置如图 3-9 所示。

**4. PST-1200U 系列主变压器保护过程层端口**

PST-1200U 系列主变压器保护装置是以差动保护和后备保护为基本配置的成套变压器保护装置，适用于 220kV 电压等级的大型电力变压器。装置支持电子式互感器 IEC 61850—9—2 和常规互感器接入方式，支持 GOOSE 跳闸方式。装置由前置模件、AC 交流模块（可选）、CPU（保护功能）模块、HMI（人机对话）模块、DIO 模块等组成。

通信控制插件（CC 插件）可提供 12 路光口，每个光口均可通过配置设置为用于 GOOSE 接入、SV 采样接入或者 GOOSE 和 SV 共口接入。即配置设置的 12 路光口全部为 GOOSE 口，或全部为 SV 口，或部分光口为 GOOSE 口、部分光口为 SV 口，或为 GOOSE 和 SV 的共网口。端口配置如图 3-10 所示。

**3.1.3　母线保护装置过程层端口**

**1. PCS-915GA-D 型母线保护装置过程层端口**

PCS-915GA-D 型母线保护装置设有母线差动保护、母联死区保护、母联失灵保护及断路器失灵保护功能。支持 IEC 61850—9—2 和 GOOSE。适用于各种

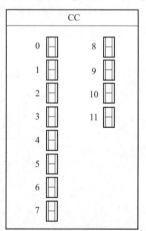

图 3-10　PST-1200U 系列
主变压器保护装置通信
插件过程层端口配置

电压等级的双母主接线、单母主接线及单母分段主接线，母线上允许所接的线路与元件数最多为 15 个（包括母联/分段），并可满足有母联兼旁路运行方式主接线系统的要求。装置配置四块以太网 DSP 插件，分别为 B05、B07、B09、B11。

以太网 DSP 插件由 2～8 个百兆光纤以太网接口和可选的 IRIG-B 对时接口组成。插件支持 GOOSE 功能和 IEC 61850—9—1/2 规约，完成保护从合并单元接收数据、发送 GOOSE 命令给智能操作箱等功能。该插件支持 IEEE 1588 网络对时，可选 E2E 或 P2P 方式。过程层接口定义见表 3-7。

表 3-7　　　　　　　　　　太网 DSP 插件端口定义

| B05 | | | B07 | | |
| --- | --- | --- | --- | --- | --- |
| 端口 | 定义 | 数型 | 端口 | 定义 | 数型 |
| 1 | 母联合并单元 | SV | 1 | 支路 5 合并单元 | SV |
| 2 | 母联智能终端 | GOOSE | 2 | 支路 5 智能终端 | GOOSE |
| 3 | 支路 2 合并单元 | SV | 3 | 支路 6 合并单元 | SV |
| 4 | 支路 2 智能终端 | GOOSE | 4 | 支路 6 智能终端 | GOOSE |
| 5 | 支路 3 合并单元 | SV | 5 | 支路 7 合并单元 | SV |
| 6 | 支路 3 智能终端 | GOOSE | 6 | 支路 7 智能终端 | GOOSE |
| 7 | 支路 4 合并单元 | SV | 7 | 支路 8 合并单元 | SV |
| 8 | 支路 4 智能终端 | GOOSE | 8 | 支路 8 智能终端 | GOOSE |
| B09 | | | B011 | | |
| 端口 | 定义 | 数型 | 端口 | 定义 | 数型 |
| 1 | 支路 9 合并单元 | SV | 1 | 支路 13 合并单元 | SV |
| 2 | 支路 9 智能终端 | GOOSE | 2 | 支路 13 智能终端 | GOOSE |
| 3 | 支路 10 合并单元 | SV | 3 | 支路 14 合并单元 | SV |
| 4 | 支路 10 智能终端 | GOOSE | 4 | 支路 14 智能终端 | GOOSE |
| 5 | 支路 11 合并单元 | SV | 5 | 支路 15 合并单元 | SV |
| 6 | 支路 11 智能终端 | GOOSE | 6 | 支路 15 智能终端 | GOOSE |
| 7 | 支路 12 合并单元 | SV | 7 | GOOSE 组网 | GOOSE |
| 8 | 支路 12 智能终端 | GOOSE | 8 | 电压合并单元 | SV |

2. CSC-150/E 系列母线保护过程层端口

CSC-150/E 数字式成套母线保护装置适用于 750kV 及以下各种电压等级的母线系统，包括单母线、单母分段、双母线、双母双分段、双母单分段及 3/2 断路器等多种接线型式。对于单母线、单母分段、双母线、双母双分段、双母单分段接线型式，一套装置最大接入单元为 24 个（包括线路、变压器、母联及分段）。对于 3/2 断路器接线型式，一套装置最大接入单元为 12 个。

装置由 CPU1 插件、CPU2 插件、开入插件 1、管理板、GOOSE 插件、采样插件及电源插件组成。

装置为直采模式时，共有 6 块采样插件，分别接入电流和电压模拟量，每块 SV 插件可接入 3 路模拟量，具体光口定义如图 3-11 所示。

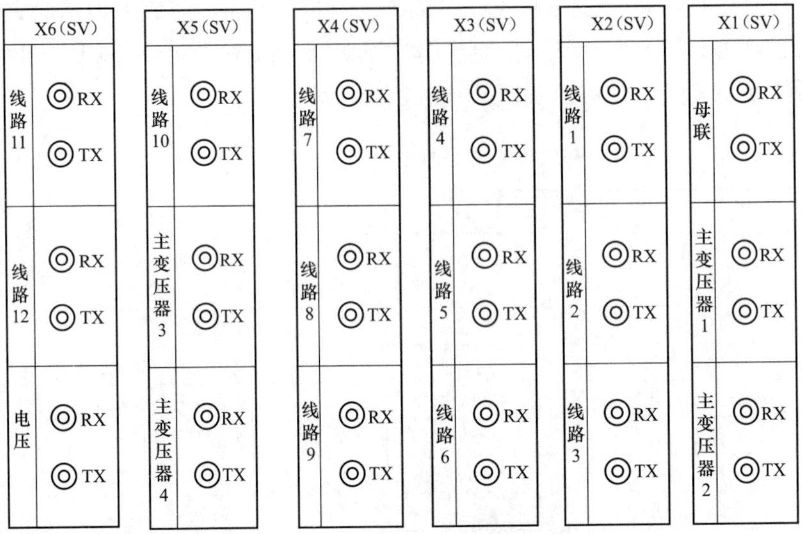

| X6（SV） | X5（SV） | X4（SV） | X3（SV） | X2（SV） | X1（SV） |
|---|---|---|---|---|---|
| 线路11 RX/TX | 线路10 RX/TX | 线路7 RX/TX | 线路4 RX/TX | 线路1 RX/TX | 母联 RX/TX |
| 线路12 RX/TX | 主变压器3 RX/TX | 线路8 RX/TX | 线路5 RX/TX | 线路2 RX/TX | 主变压器1 RX/TX |
| 电压 RX/TX | 主变压器4 RX/TX | 线路9 RX/TX | 线路6 RX/TX | 线路3 RX/TX | 主变压器2 RX/TX |

图 3-11　CSC-150/E 母线保护 SV 插件过程层端口

装置可根据最大接入单元数配置 GOOSE 机箱，每块 GOOSE 插件具备 3 个独立的 100M 光纤 ST 接口，具体光口定义如图 3-12 所示。

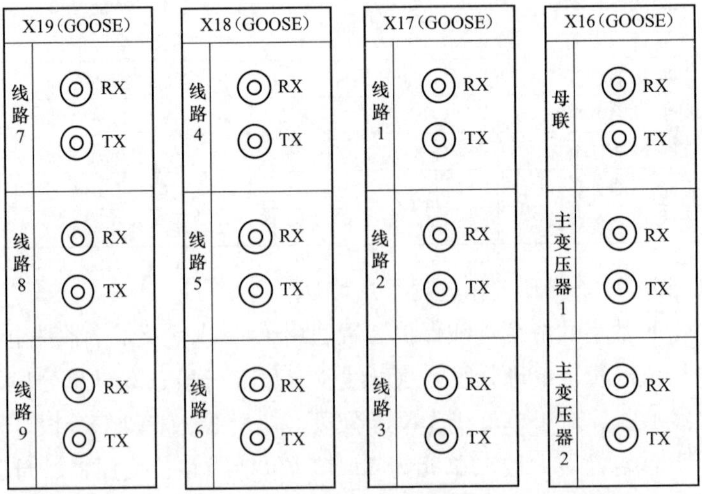

| X19（GOOSE） | X18（GOOSE） | X17（GOOSE） | X16（GOOSE） |
|---|---|---|---|
| 线路7 RX/TX | 线路4 RX/TX | 线路1 RX/TX | 母联 RX/TX |
| 线路8 RX/TX | 线路5 RX/TX | 线路2 RX/TX | 主变压器1 RX/TX |
| 线路9 RX/TX | 线路6 RX/TX | 线路3 RX/TX | 主变压器2 RX/TX |

图 3-12　CSC-150/E 母线保护 GOOSE 插件过程层端口

3. WXH-800 系列母线保护过程层端口

WMH-800 系列装置为数字化母线保护装置，适用于 750kV 及以下各种电压等级、各种主接线方式的母线，作业发电厂、变电站母线的成套保护装置。其中 WMH-800 母线保护装置主要适用于 220kV 及以下电压等级的各种主接线形式，允许连接支路数最大为 24 个（含母联及分段元件），过程层 SV 采用 IEC 61850—9—2 点对点接入方式。装置由电源插件、过程层接口插件、光纤插件、CPU 插件、开入开出插件等组成。

WMH-800 母线保护装置的过程层接口插件（简称为 NPI 插件）可采用主从级联方式实现多间隔点对点方式。装置可根据工程规模配置 NPI 插件，其中要求一块 NPI 插件为主 NPI 插件，其他插件为从 NPI 插件，主从 NPI 插件之间通过级联实现数据的接收和转发。

主 NPI 的功能是，与 CPU 通信（接收及转发 NPI 的 SV 和 GOOSE、接收一组 SV）、接收间隔层 GOOSE、GOOSE 跳闸出口、转发 GOOSE 跳闸。

从 NPI 的功能是，接收 SV 抽取 24 点并将抽取之后的数据发送给主 NPI。

WMH-800 母线保护装置典型配置方案见表 3-8。

表 3-8　　　　　　　　　　**WMH-800 母线保护装置典型配置**

| 序号 | 机箱 | 插件 | 端子 | 支持元件数 |
|---|---|---|---|---|
| 1 | 主机箱 | 主 NPI | 主从 NPI 级联口、GOOSE 组网口、电压 SV | 6 |
|  |  | 从 NPI | 级联口、元件 1～6 SV、元件 1～6 GOOSE |  |
| 2 | 主机箱＋子单元 1（配一块 NPI） | 主 NPI | 主从 NPI 级联口、GOOSE 组网口、电压 SV | 12 |
|  |  | 从 NPI | 级联口、元件 1～6 SV、元件 1～6 GOOSE |  |
|  |  | 子单元 NPI | 级联口、元件 7～12 SV、元件 7～12 GOOSE |  |
| 3 | 主机箱＋子单元 1（配两块 NPI） | 主 NPI | 主从 NPI 级联口、GOOSE 组网口、电压 SV | 18 |
|  |  | 从 NPI | 级联口、元件 1～6 SV、元件 1～6 GOOSE |  |
|  |  | 子单元主 NPI | 级联口、元件 7～12 SV、元件 7～12 GOOSE |  |
|  |  | 子单元从 NPI | 级联口、元件 13～18 SV、元件 13～18 GOOSE |  |
| 4 | 主机箱＋子单元 1（配两块 NPI）＋子单元（配一块 NPI） | 主 NPI | 主从 NPI 级联口、GOOSE 组网口、电压 SV | 24 |
|  |  | 从 NPI | 级联口、元件 1～6 SV、元件 1～6 GOOSE |  |
|  |  | 子单元 1 主 NPI | 级联口、元件 7～12 SV、元件 7～12 GOOSE |  |
|  |  | 子单元 1 从 NPI | 级联口、元件 13～18 SV、元件 13～18 GOOSE |  |
|  |  | 子单元 2NPI | 级联口、元件 19～24 SV、元件 19～24 GOOSE |  |

主机箱上的 NPI 插件完成元件 1～6 的过程层接入，详细定义如图 3-13 所示。

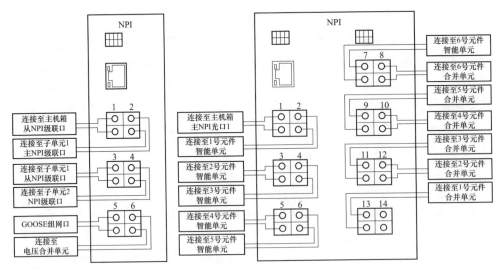

图 3-13　WMH-800 装置主机箱 NPI 插件过程层端口定义图

子单元 1 上的 NPI 插件完成元件 7～18 的过程层接入，如图 3-14 所示。

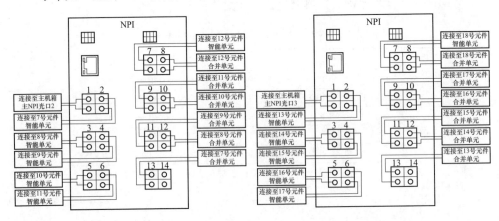

图 3-14　WMH-800 装置子单元 1 NPI 插件过程层端口定义图

子单元 2 上的 NPI 插件完成元件 19～24 的过程层接入，如图 3-15 所示。

4. SGB-750 系列母线保护装置过程层端口

SGB-750 数字式母线保护装置适用于 10～750kV 电压等级的智能化变电站的各种接线方式的母线，可作为智能化发电厂、变电站母线的成套保护装置。装置配置主机和子机，主机主要有保护 CPU（保护功能）模块、管理 CPU（人机对话）模块、DIO 模块（开关量输入输出）、前置模块（过程层通信），子机主要有前置模块（扩展接口）。前置模块端口定义见表 3-9。

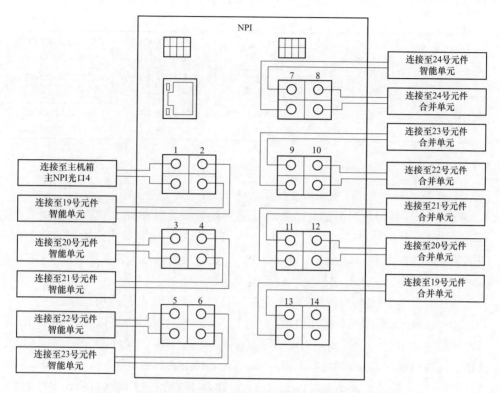

图 3-15　WMH-800 装置子单元 2 NPI 插件过程层端口定义图

表 3-9　SGB-750 母线保护装置前置模块端口定义

| CC 板端口号 | 主机 CC-C SV 板（3 号） | 主机 CC-C GOOSE 板（1 号） | 子机 CCE-C SV 板（10 号） | 子机 CCE-C GOOSE 板（8 号） |
|---|---|---|---|---|
| 0 | 接 CPU4 的光口 | 接 CPU4 的光口 | 接主机 3 CC-C SV 的 P1 | 接主机 1 GOOSE 的 P1 |
| 1 | 接子机 10 CCE SV 的 P0 | 接子机 8 CCE GOOSE 的 P0 | 接子机 3 CCE-C SV 的 P2 | 备用 |
| 2 | 接子机 10 CCE 的 SV 的 P1 | / | 支路 9 合并单元 | 支路 9 智能终端 |
| 3 | 电压合并单元 | 组网 | 支路 10 合并单元 | 支路 10 智能终端 |
| 4 | 母联合并单元 | 母联智能终端 | 支路 11 合并单元 | 支路 11 智能终端 |
| 5 | 分段 1 合并单元 | 分段 1 智能终端 | 支路 12 合并单元 | 支路 12 智能终端 |
| 6 | 分段 2 合并单元 | 分段 2 智能终端 | 支路 13 合并单元 | 支路 13 智能终端 |
| 7 | 支路 1 合并单元 | 支路 1 智能终端 | 支路 14 合并单元 | 支路 14 智能终端 |

续表

| CC板端口号 | 主机CC-C SV<br>板（3号） | 主机CC-C GOOSE<br>板（1号） | 子机CCE-C SV<br>板（10号） | 子机CCE-C GOOSE<br>板（8号） |
|---|---|---|---|---|
| 8 | 支路2合并单元 | 支路2智能终端 | 支路15合并单元 | 支路15智能终端 |
| 9 | 支路3合并单元 | 支路3智能终端 | 支路16合并单元 | 支路16智能终端 |
| 10 | 支路4合并单元 | 支路4智能终端 | 支路17合并单元 | 支路17智能终端 |
| 11 | 支路5合并单元 | 支路5智能终端 | 支路18合并单元 | 支路18智能终端 |

### 3.1.4　合并单元过程层端口

1. PCS-221G 系列合并单元过程层端口

PCS-221G 系列是用于变电站常规互感器的数据合并单元。装置通过交流就地采样信号，然后通过 IEC 61850—9—2 或 IEC 60044—8 协议发送给保护或测控计量装置。装置由主 DSP 模块、采样 DPS 模块、交流输入模块、扩展 FT3 发送模块、压切模块、开入开出模块、直流电源模块等组成。

装置配置主 DSP 插件（NR1136E 或 NR1136A）用于与过程层连接。

NR1136E 设计有 7 个光纤以太网接口，一个光对时口。可以实现光 IRIGB 码对时和支持 IEEE 1588 网络对时，支持 IEC 61850—9—2 和 GOOSE 组网接收发送，也可以实现点对点 IEC 61850—9—2 和 GOOSE 接收发送。

NR1136A 设计有 8 个光纤以太网接口。支持 IEEE 1588 网络对时，支持 IEC 61850—9—2 和 GOOSE 组网接收发送，也可以实现点对点 IEC 61850—9—2 和 GOOSE 接收发送。工程中第一对光口用于 GOOSE 组网，第 2～8 对光口用于 SV 发送。如图 3-16 所示。

装置配置采样 DPS 插件（NR1123R），用于级联母线合并单元信号。端口配置如图 3-17 所示。

2. CSD-602 系列合并单元过程层端口

CSD-602 系列合并单元装置适用于数字化变电站。该装置位于变电站的过程层，可采集传统电流、电压互感器的模拟量信号及电子式电流、电压互感器的数字量信号，并将采样值（SV）按照 IEC 61850—9—2 以光以太网形式上送给间隔层的保护、测控、故障录波等装置。装置由主 CPU 插件、以太网发送插件、交流插件、DIO 插件、电源插件等构成。

主 CPU 插件是装置的核心插件，主要完成模拟量或数字量采集、GOOSE 接收/发送、SV 接收/发送、切换并列逻辑判断、软硬件自检等功能，又根据是否带 TA/TV 接收、分别为主 CPU TA/TV 专用插件以及常规主 CPU 插件。端口定义见表 3-10，端口配置如图 3-18 和图 3-19 所示。

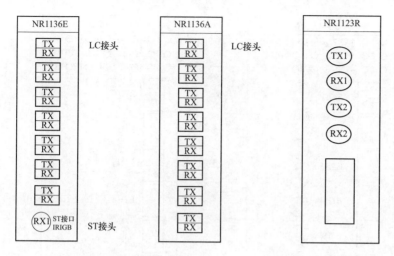

图 3-16　PCS-221G 合并单元主　　　　图 3-17　PCS-221G 合并单元
DSP 插件过程层端口　　　　　　　　　采样 DPS 插件过程层端口配置

表 3-10　　　　　　　　　　　　CSD-602 主 CPU 插件端口定义

| 端口 | 定　　　义 |
|---|---|
| ETH1 | 单网及双网 GOOSE 模式下接收/发送 GOOSE 数据；SV 组网发送；IEEE 1588 对时输入 |
| ETH2 | 双网 GOOSE 模式下接收/发送 GOOSE 数据；组网 SV 发送 |
| ETH3 | 9-2 级联接收 |
| ETH4 | 点对点 SV 发送 |
| ETH6 | 点对点 SV 输出口 |
| FT3-1~FT3-6 | 电子式互感器 FT3 数据接收 |
| FT3-7 | FT3 协议 SV 级联输入 |
| IRIG-B | B 码对时输入 |
| 电 PPS 输出 | 电秒脉冲信号输出 |
| 光 PPS 输出 | 光秒脉冲信号输出 |

**3. DMU-830/G 系列合并单元过程层端口**

DMU-830/G 系列合并单元适用于常规互感器、电子式互感器以及常规互感器与电子式互感器混用的系统，它对常规互感器或电子式互感器通过采集器输出的数字量进行合并和处理，并按 IEC 61850-9-2 的标准转换以太网数据，再通过光纤输出到过程层网络或相关的智能电子设备。

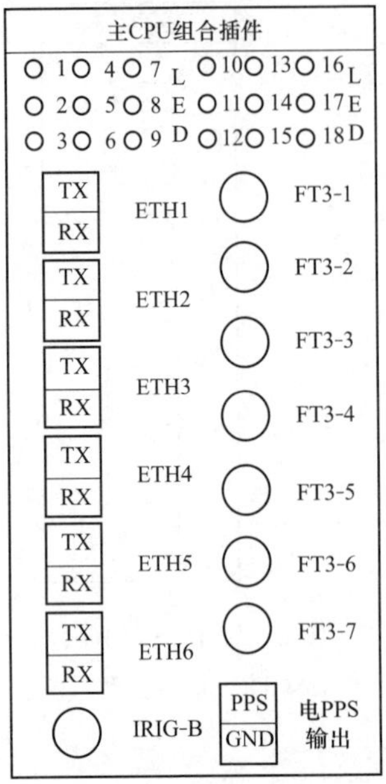

图 3-18　CSD-602 合并单元主 CPU
TA/TV 专用插件过程层端口

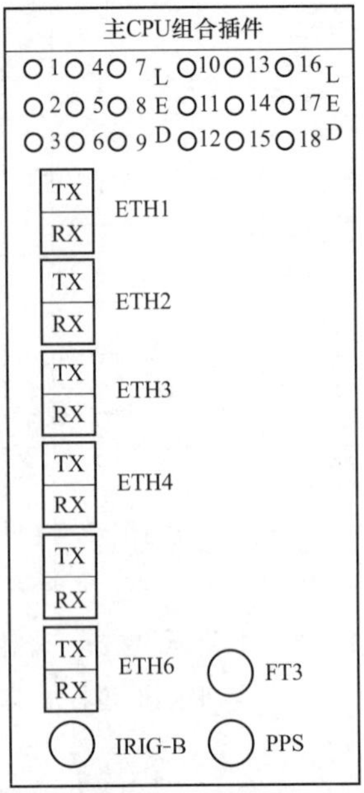

图 3-19　CSD-602 合并单元常规主
CPU 插件过程层端口配置

CPU 通过过 SV 插件发送 SV（9-2）点对点数据至保护直采口；通过 FT3 插件发送 SV（FT3）点对点数据至间隔合并单元，通过自带以太网口接入过程层网络，实行 GOOSE 信息交互。端口配置如图 3-20 所示。

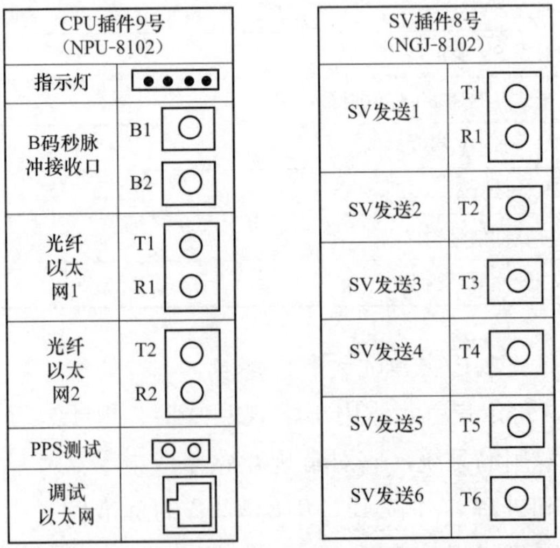

图 3-20　DMU-830/G 合并单元 CPU 及 SV 插件过程层端口

4. PSMU 602 合并单元过程层端口

PSMU 602 合并单元适用于 110kV（66kV）及以上各电压等级智能变电站，配合传统电流、电压互感器，实现二次输出模拟量的数字采样及同步，并通过 DL/T 860.92—2016《电力自动化通信网络和系统　第 9-2 部分：特定通信服务映射（SCSM）—基于 ISO/IEC 8802-3 的采样值》（IEC 61850-9-2）及 GB/T 20840.8—2007《互感器　第 8 部分：电子式电流互感器》（IEC 60044-8）规定的标准规约格式，向站内保护、测控、录波、PMU 等智能电子设备输出采样值。装置由 CPU 模件、AC 交流模件（可根据需求选配）、开入模件、开出模件、液晶面板模件、FT3 模件、TDC 模件、电源模件等组成。

CPU 模件是合并单元的核心，主要负责装置的 AD 采样、同步以及数字量数据的处理。端口定义见表 3-11，端口配图如图 3-21 所示。

表 3-11　　　　　　　　　　　　CPU 模件过程层端口定义

| 光口名称 | 作用 | 备注 |
| --- | --- | --- |
| SYN/SR | FT3 及 SYN 输入口 | 上口可选装 FT3 或 SYN 口，下口固定为 FT3 口 |
| 1-0 | CPU 100M 光纤以太网，默认使用 1-1 作为调试口 | |
| 1-1 | | |
| 2-0 | FPGA 100M 光纤以太网接口，可同时支持 GOOSE、点对点 9-2 发送和接收、以太网 1588 同步 | |
| 2-1 | | |
| 2-2 | | 可通过配置文件配置 GOOSE 和 9-2 报文的工作端口；FPGA 光纤以太网口数量根据具体需要可定制 |
| 2-3 | | |
| 3-0 | FPGA 100M 光纤以太网接口，可同时支持 GOOSE、点对点 9-2 发送 | |
| 3-1 | | |
| 3-2 | | |
| 3-3 | | |

## 3.1.5　智能终端过程层端口

1. PCS-222B-I 系列智能终端过程层端口

PCS-222B-I 系列智能终端可与 220kV 及以上电压等级分相或三相操作的双跳圈断路器配合使用，保护装置和其他有关设备均可通过智能终端进行分、合操作。装置具有一组分相跳闸回路和一组分相合闸回路，以及 4 组隔离开关、4 组

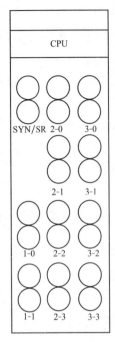

图 3-21　PSMU 602-C
合并单元 CPU 模件端口

接地开关的分合出口，支持基于 IEC 61850 的 GOOSE 通信协议，具有最多 15 个独立的光纤 GOOSE 口。装置由主 DSP 模块（NR1136A/C/E）、智能开入模块 1（NR1504A）、智能操作回路插件（NR1528）、电流保持插件（NR1534A/B）、智能开出插件（NR1521A）、模拟量采集插件（NR1410A/B）、直流电源模块（NR1301S）等组成。

装置的主 DSP 插件用于过程层接口，根据需要可配置 NR1136A、NR1136AC、NR1136AE 型号插件。

NR1136C 设计有 6 个光纤以太网接口，一个光对时口。可以实现光 IRIGB 码对时和支持 IEEE 1588 网络对时，支持 GOOSE 组网接收发送，也可以实现点对点 GOOSE 接收发送。

NR1136E 设计有 7 个光纤以太网接口，一个光对时口，功能如同 NR1136C。

NR1136A 设计有 8 个光纤以太网接口。支持 IEEE 1588 网络对时，支持 GOOSE 组网接收发送，也可以实现点对点 GOOSE 接收发送。如图 3-22 所示。

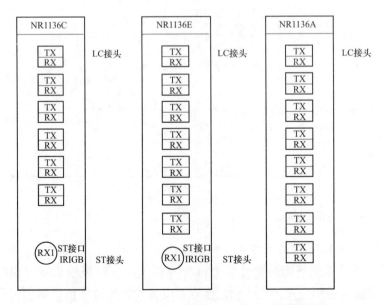

图 3-22　主 DSP 模块（NR1136A/C/E）过程层端口

**2. JFZ-600F 系列智能终端过程层端口**

JFZ-600F 系列智能终端主要用于 220kV 及以上电压等级数字化变电站，完成所在间隔的信息采集、控制以及部分保护功能，包括断路器、隔离开关、接地开关的监视和控制。装置由管理插件、从 GOOSE 插件、开入插件、操作插件、开出插件、非电量输入插件、直流插件、电源插件、MMI（面板）等组成。

装置的 GOOSE 插件有 3 个 100M 光以太网，采用 IEC 61850 的 GOOSE 服务，用于点对点的 GOOSE 跳闸连接。如图 3-23 所示。

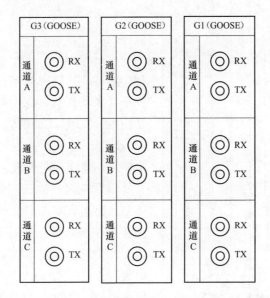

图 3-23　JFZ-600F 智能终端 GOOSE 插件过程层端口配置

**3. DBU-816 系列智能终端过程层端口**

DBU-816 开关智能终端适用于 220kV 及以下电压等级三相开关间隔，包含敞开断路器和组合高压电器，主要完成该间隔内断路器以及与其相关隔离开关、接地开关和快速接地开关的操作控制和状态监视，直接或通过过程层网络 GOOSE 服务发布采集信息；直接或通过过程层网络基于 GOOSE 服务接收指令，驱动执行器完成控制功能。装置由电源插件、GOOSE 插件、CPU 插件、开入开出插件、操作插件等组成。

GOOSE 插件（3 号）最大提供 8 路 GOOSE 数据点对点端口，满足保护等间隔装置的点对点采样要求，对应于配置中的 ETH2～ETH9。

CPU 插件（4 号插件）提供两路光串口输入，用于接入 B 码或光秒脉冲，灯 1、2 分别指示两个输入的状态；提供光口 0 和光口 1 共 2 路光纤以太网口，ST

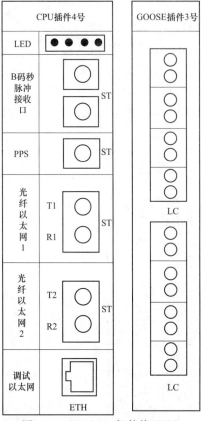

图 3-24　DBU-816 智能终 CPU、
GOOSE 插件过程层端口

接口均支持 IEC 61588 对时，灯 3、4 分别指示两个网口的状态，分别对应配置中的 ETH0 和 ETH1；另一路电网口作为调试配置用，对应于配置中的 ETH10；提供一个光脉冲输出的 PPS 测试口。

DBU-816 智能终端 CPU、GOOSE 插件过程层端口如图 3-24 所示。

4. PSIU-621GU 系列智能终端过程层端口

PSIU-621GU 系列智能终端可配合三相断路器、传统电磁式互感器等传统一次设备，实现其数字化及智能化要求。装置总体可分 CPU 功能模块、指示灯模块、DI 开入模块、DO 开出模块、直流模拟量采集模块、操作回路模块。

CPU 功能模件完成智能单元的主要功能是，交流采集、对时、GOOSE 报文收发、光纤通信、日志记录、装置在线自检等。CPU 模件接口主要包括光纤 GPS、2 个 FCC 以太网、8 个 FPGA 以太网。装置端口定义见表 3-12，模件端口配置如图 3-25 所示。

表 3-12　　　　　　　　CPU 功能模件端口定义

| 光口名称 | 作用 | 备注 |
|---|---|---|
| SYN | 光纤 B 码同步输入 | |
| SR | FT3 接收 | 作为合并单元 CPU 时装配 |
| 1-0 | CPU 100M 光纤以太网，1-1 默认作为调试口，该口可以选装电口/光口 | |
| 1-1 | | |
| 2-0 | FPGA 100M 光纤以太网接口，可同时支持 GOOSE、点对点 9-2 发送和接收、以太网 IEEE 1588 同步 | 可通过配置文件配置 GOOSE 和 9-2 报文的工作端口；FPGA 光纤以太网口数量根据具体需要可定制 |
| 2-1 | | |
| 2-2 | FPGA 100M 光纤以太网接口，可同时支持 GOOSE、点对点 9-2 发送 | |
| 2-3 | | |
| 3-0 | | |
| 3-1 | | |
| 3-2 | | |
| 3-3 | | |

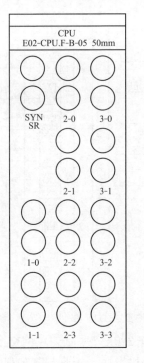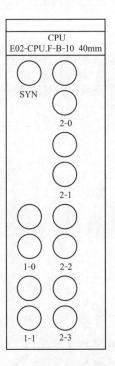

图 3-25    PSIU-621GU CPU 功能模块过程层端口

## 3.2    光纤回路

　　智能变电站的光纤回路和常规变电站的二次回路具有相同特性，也有起点和终点。工程中为了减少光缆敷设的数量，常把同一间隔的光纤回路集中在一根光缆中，光缆与光纤配线箱连接，各智能设备的端口通过跳接光纤与光纤配线箱连接，从而达到智能设备的端口连接目的，光纤配线箱相当于常规变电站端子箱的作用。为了让调试人员更进一步了解各间隔的光纤回路，下面以某变电站工程为例，分别对线路、主变压器等设备的光纤回路进行说明。

### 3.2.1    线路保护光纤回路

　　220kV 线路保护配置为：A 套保护装置为南瑞 PCS-931，A 套合并单元为 PCS-221G-I，A 套智能终端为 PCS-222B-I；B 套保护装置为 CSC-103B/E，B 套套合并单元为 CSN-15B4，B 套智能终端为 JFZ-600F；测控装置为 CSI-200EA/E。

　　1. 220kV 线路保护装置 A 套光纤回路

　　A 保护装置型号为 PCS-931，光纤联系示意图如图 3-26 所示。

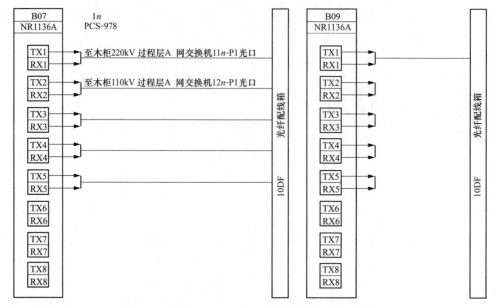

图 3-26　PCS-931 线路保护装置的光纤联系示意图

以太网 DSP 插件 B06 的端口 1 接连 220kV 过程层 A 网交换机，实现 GOOSE 组网。保护装置可通过端口、A 网交换机发送、接收与其他保护装置和安全自动装置的联闭锁信息，如向母差保护发送启动失灵信息，接收母差保护的保护动作信息，向故障录波发送保护动作信息等。

B06 插件端口 2 接线路 A 套合并单元端口，接收合并单元发送的 SV 信息，实现点对点采样。工程中不能将保护装置的端口 2 与合并单元的端口相连，需通过光纤配线箱进行转接。其通道为端口 2—保护屏光纤配线箱—智能组件柜光纤配线箱—A 套合并单元端口。

B06 插件端口 3 接线路智能终端，发送和接收线路智能终端的 GOOSE 信息，实现点对点跳闸。其通道为端口 3—保护屏光纤配线箱—智能组件柜光纤配线箱—A 套智能终端端口。

2. 220kV 线路保护装置 B 套光纤回路

B 保护装置型号为 CSC-103B/E，光纤联系示意图如图 3-27 所示。

装置的 CPU 插件端口 A 连接 B 套合并单元端口。通道为端口 A—保护屏光纤配线箱—智能组件柜光纤配线箱—B 套合并单元。

装置 GOOSE 插件端口 A 连接 220kV 过程层 B 网交换机。端口 B 连接 B 套智能终端端口，通道为端口 B—保护屏光纤配线箱—智能组件柜光纤配线箱—B 套智能终端。

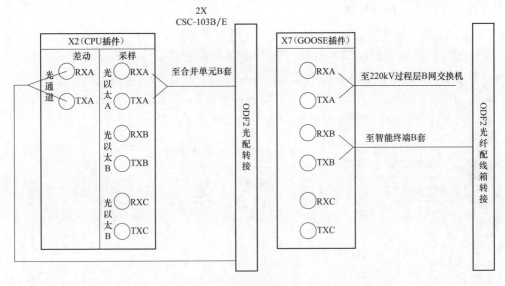

图 3-27　CSC-103B/E 线路保护装置光纤联系示意图

**3. 220kV 线路测控装置光纤回路**

线路间隔的测控单元型号为 CSI-200EA/E，光纤联系示意图如图 3-28 所示。

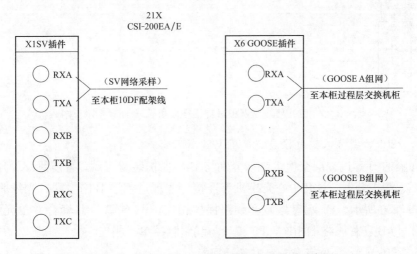

图 3-28　CSI-200EA/E 测控装置光纤联系示意图

装置的 SV 插件端口 A 连接 A 套合并单元端口。通道为端口 A—保护屏光纤配线箱—智能组件柜光纤配线箱—A 套合并单元。

装置 GOOSE 插件端口 A 连接 220kV 过程层 A 网交换机。端口 B 连接连接

220kV 过程层 B 网交换机。

4. 220kV 线路保护过程层交换机 A 光纤回路

间隔的 A 套过程层交换机端口分别与 A 套保护装置、A 套智能终端、A 套合并单元、测控装置、A 套中心交换机等相连，实现过程层 A 网组网。光纤联系示意图如 3-29 所示。P1 端口与 A 套线路保护相连，P2 端口与 A 套合并单元相连，P3 端口与 A 套智能终端相连，P5 端口与线路测控单元相连。

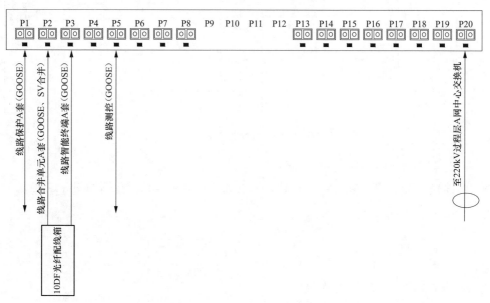

图 3-29　220kV 线路保护过程层交换机 A 光纤联系示意图

5. 220kV 线路保护过程层交换机 B 光纤回路

间隔的 B 套过程层交换机端口分别与 B 套保护装置、B 套智能终端、B 套合并单元、测控装置、B 套中心交换机等连接，实现过程层 B 网组网。光纤联系示意图如 3-30 所示。P1 端口与 B 套线路保护相连，P2 端口与 B 套合并单元相连，P3 端口与 B 套智能终端相连，P5 端口与线路测控单元相连。

6. 220kV 线路 A 套合并单元光纤回路

A 套合并单元型号为 PCS-221G-I，光纤联系示意图如图 3-31 所示。

主 DSP 插件 B1 端口 1 连接 220kV A 网过程层交换机，用于 GOOSE 组网。通道为端口 1—智能组件柜光纤配线箱—保护屏光纤配线箱—A 网过程层交换机端口。

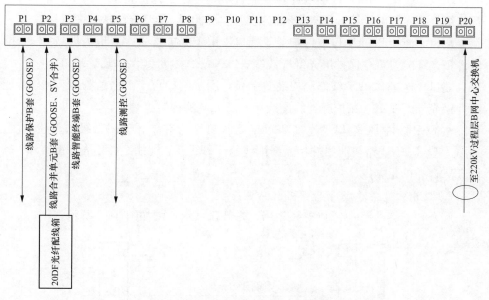

图 3-30　220kV 线路保护过程层交换机 B 光纤联系示意图

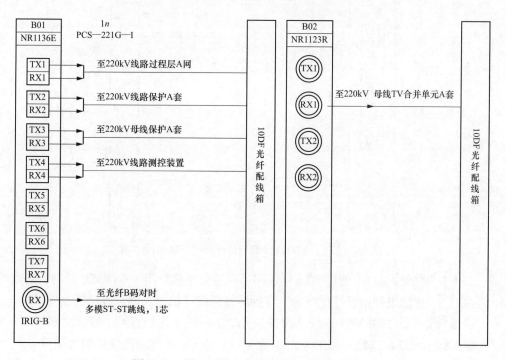

图 3-31　PCS-221G-I 合并单元光纤联系示意图

端口 2 连接 220kV A 套线路保护装置端口，用于保护直采。通道为端口 2—智能组件柜光纤配线箱—保护屏光纤配线箱—220kV A 套线路保护装置端口。

端口 3 连接 220kV 母线保护装置端口，用于保护直采。通道为端口 3—智能组件柜光纤配线箱—保护屏光纤配线箱—220kV A 套母线保护装置端口。

端口 4 连接 220kV 线路测控装置端口，用于测控直采。通道为端口 4—智能组件柜光纤配线箱—保护屏光纤配线箱—220kV 测控装置端口。

主 DSP 插件 B2 端口 1 连接 220kV A 网 TV 合并单元，用于级联母线电压。通道为端口 1—线路智能组件柜光纤配线箱—母线 TV 智能组件柜光纤配线箱—A 网 TV 合并单元端口。

7. 220kV 线路 A 套智能终端光纤回路

A 套智能终端型号为 PCS-222B-I，光纤联系示意图如图 3-32 所示。

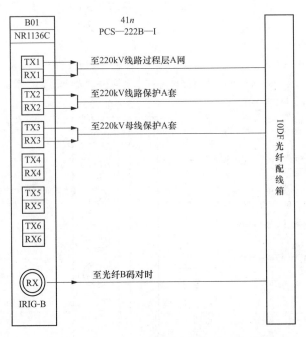

图 3-32　PCS-222B-I A 套智能终端光纤联系示意图

主 DSP 插件端口 1 连接 220kV A 网过程层交换机，用于 GOOSE 组网。通道为端口 1—智能组件柜光纤配线箱—保护屏光纤配线箱—A 网过程层交换机端口。

端口 2 连接 220kV A 套线路保护装置端口，用于保护直跳。通道为端口 2—智能组件柜光纤配线箱—保护屏光纤配线箱—220kV A 套线路保护装置端口。

端口 3 连接 220kV 母线保护装置端口，用于保护直跳。通道为端口 3—智能组件柜光纤配线箱—保护屏光纤配线箱—220kV A 套母线保护装置端口。

8. 220kV 线路 B 套合并单元光纤回路

B 套合并单元型号为 CSD-603，光纤联系示意图如图 3-33 所示。

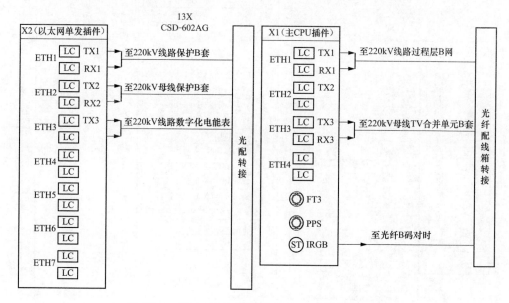

图 3-33　CSN-15B4　B 套合并单元光纤联系示意图

（1）CPU 插件。端口 ETH1 连接 220kV B 网过程层交换机，用于 GOOSE 组网。通道为端口 ETH1—智能组件柜光纤配线箱—保护屏光纤配线箱—B 网过程层交换机端口。

端口 ETH3 连接 220kV B 网 TV 合并单元，用于级联母线电压。通道为端口 ETH3—线路智能组件柜光纤配线箱—母线 TV 智能组件柜光纤配线箱—B 网 TV 合并单元端口。

（2）以太网单发插件。端口 ETH1 连接 220kV B 套线路保护装置端口，用于保护直采。通道为端口 ETH1—智能组件柜光纤配线箱—保护屏光纤配线箱—220kV B 套线路保护装置端口。

端口 ETH2 连接 220kV 母线保护装置端口，用于保护直采。通道为端口 ETH2—智能组件柜光纤配线箱—保护屏光纤配线箱—220kV B 套母线保护装置端口。

端口 ETH3 连接 220kV 线路电能表端口，用于计量直采。通道为端口 ETH3—智能组件柜光纤配线箱—保护屏光纤配线箱—20kV 线路电能表端口。

9. 220kV 线路 B 套智能终端光纤回路

B 套智能终端型号为 JFZ-600F，光纤联系示意图如图 3-34 所示。

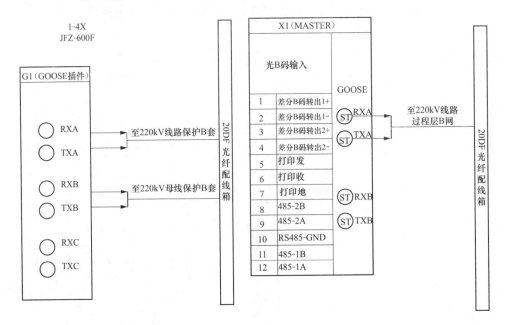

图 3-34　JFZ-600F B 套智能终端光纤联系示意图

MASTER 插件端口 A 连接 220kV B 网过程层交换机，用于 GOOSE 组网。通道为端口 A—智能组件柜光纤配线箱—保护屏光纤配线箱—B 网过程层交换机端口。

GOOSE 插件端口 A 连接 220kV B 套线路保护装置端口，用于保护直跳。通道为端口 2—智能组件柜光纤配线箱—保护屏光纤配线箱—220kV B 套线路保护装置端口。

GOOSE 插件端口 B 连接 220kV 母线保护装置端口，用于保护直跳。通道为端口 3—智能组件柜光纤配线箱—保护屏光纤配线箱—220kV B 套母线保护装置端口。

10. 光纤配线箱联系回路

光纤配线箱相当于常规变电站的端子箱，主要用于光缆（纤）的转接，工程上将光缆纤芯的两端分别按一一对应的关系熔于光纤配线箱的接口，再通过单根跳接光纤或多根尾缆与智能设备的端口相连，以实现光纤回路。光纤配线箱根据需要设备多层，每层有 12 个光端口。如图 3-35 和图 3-36 所示，为线路间隔的 A、B 网光纤配线箱联系示意图。

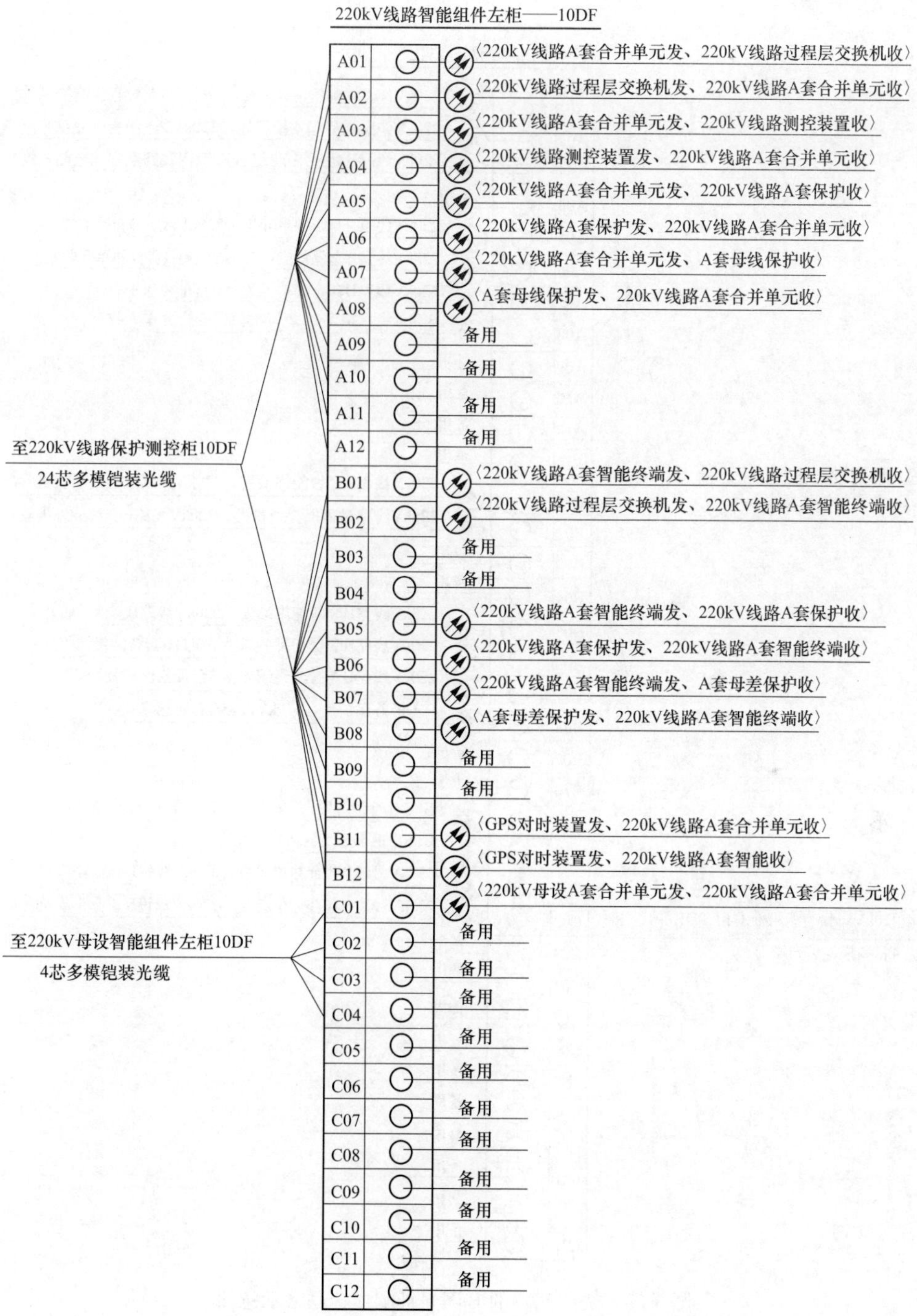

220kV线路智能组件左柜——10DF

| 端子 | | 联系 |
|---|---|---|
| A01 | ⚡ | 〈220kV线路A套合并单元发、220kV线路过程层交换机收〉 |
| A02 | ⚡ | 〈220kV线路过程层交换机发、220kV线路A套合并单元收〉 |
| A03 | ⚡ | 〈220kV线路A套合并单元发、220kV线路测控装置收〉 |
| A04 | ⚡ | 〈220kV线路测控装置发、220kV线路A套合并单元收〉 |
| A05 | ⚡ | 〈220kV线路A套合并单元发、220kV线路A套保护收〉 |
| A06 | ⚡ | 〈220kV线路A套保护发、220kV线路A套合并单元收〉 |
| A07 | ⚡ | 〈220kV线路A套合并单元发、A套母线保护收〉 |
| A08 | ⚡ | 〈A套母线保护发、220kV线路A套合并单元收〉 |
| A09 | | 备用 |
| A10 | | 备用 |
| A11 | | 备用 |
| A12 | | 备用 |
| B01 | ⚡ | 〈220kV线路A套智能终端发、220kV线路过程层交换机收〉 |
| B02 | ⚡ | 〈220kV线路过程层交换机发、220kV线路A套智能终端收〉 |
| B03 | | 备用 |
| B04 | | 备用 |
| B05 | ⚡ | 〈220kV线路A套智能终端发、220kV线路A套保护收〉 |
| B06 | ⚡ | 〈220kV线路A套保护发、220kV线路A套智能终端收〉 |
| B07 | ⚡ | 〈220kV线路A套智能终端发、A套母差保护收〉 |
| B08 | ⚡ | 〈A套母差保护发、220kV线路A套智能终端收〉 |
| B09 | | 备用 |
| B10 | | 备用 |
| B11 | ⚡ | 〈GPS对时装置发、220kV线路A套合并单元收〉 |
| B12 | ⚡ | 〈GPS对时装置发、220kV线路A套智能收〉 |
| C01 | ⚡ | 〈220kV母设A套合并单元发、220kV线路A套合并单元收〉 |
| C02 | | 备用 |
| C03 | | 备用 |
| C04 | | 备用 |
| C05 | | 备用 |
| C06 | | 备用 |
| C07 | | 备用 |
| C08 | | 备用 |
| C09 | | 备用 |
| C10 | | 备用 |
| C11 | | 备用 |
| C12 | | 备用 |

至220kV线路保护测控柜10DF
24芯多模铠装光缆

至220kV母设智能组件左柜10DF
4芯多模铠装光缆

图 3-35　线路间隔的 A 网光纤配线箱联系示意图

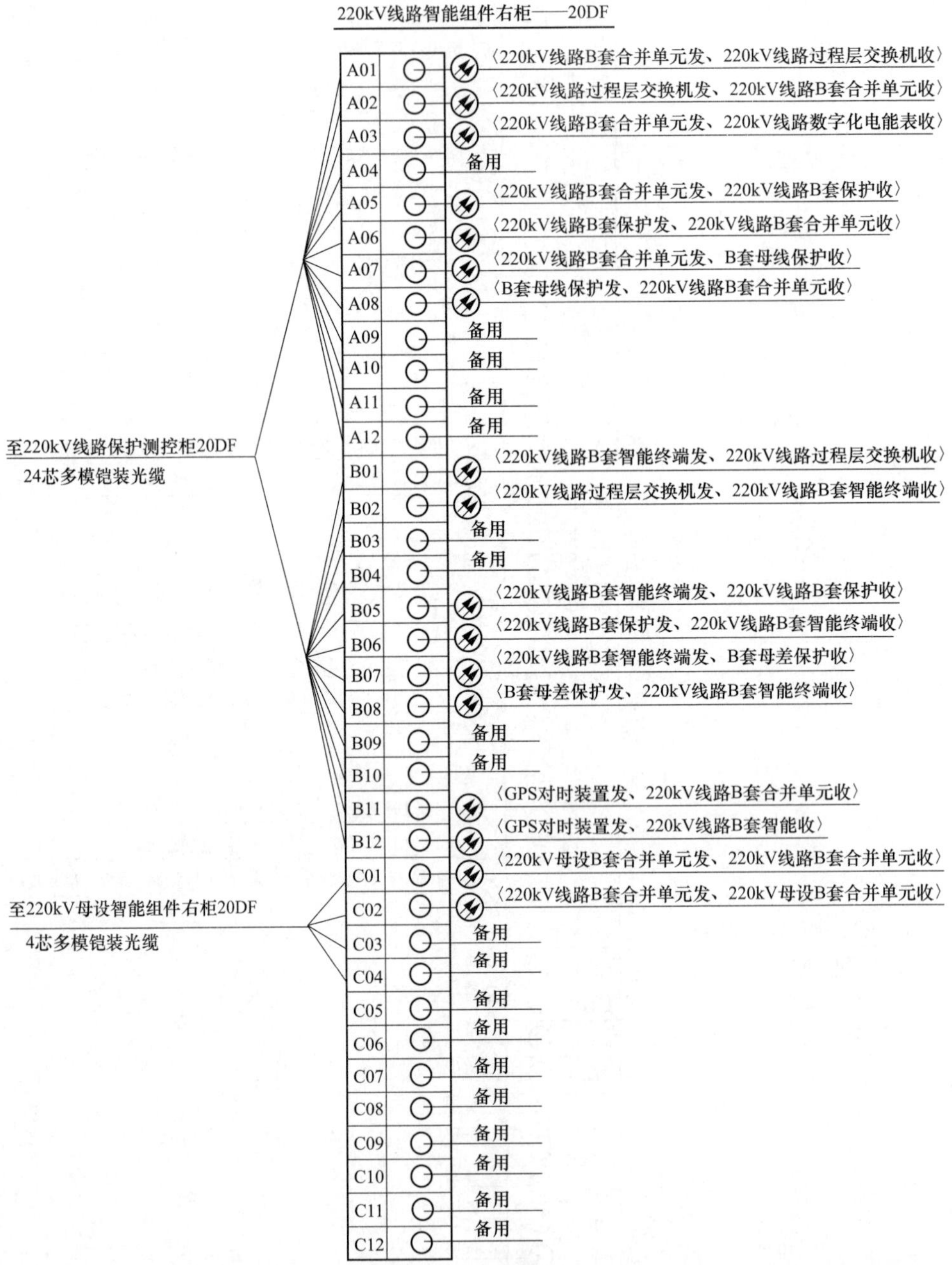

220kV线路智能组件右柜——20DF

| | | |
|---|---|---|
| A01 | ⟨ | 〈220kV线路B套合并单元发、220kV线路过程层交换机收〉 |
| A02 | ⟨ | 〈220kV线路过程层交换机发、220kV线路B套合并单元收〉 |
| A03 | ⟨ | 〈220kV线路B套合并单元发、220kV线路数字化电能表收〉 |
| A04 | | 备用 |
| A05 | ⟨ | 〈220kV线路B套合并单元发、220kV线路B套保护收〉 |
| A06 | ⟨ | 〈220kV线路B套保护发、220kV线路B套合并单元收〉 |
| A07 | ⟨ | 〈220kV线路B套合并单元发、B套母线保护收〉 |
| A08 | ⟨ | 〈B套母线保护发、220kV线路B套合并单元收〉 |
| A09 | | 备用 |
| A10 | | 备用 |
| A11 | | 备用 |
| A12 | | 备用 |
| B01 | ⟨ | 〈220kV线路B套智能终端发、220kV线路过程层交换机收〉 |
| B02 | ⟨ | 〈220kV线路过程层交换机发、220kV线路B套智能终端收〉 |
| B03 | | 备用 |
| B04 | | 备用 |
| B05 | ⟨ | 〈220kV线路B套智能终端发、220kV线路B套保护收〉 |
| B06 | ⟨ | 〈220kV线路B套保护发、220kV线路B套智能终端收〉 |
| B07 | ⟨ | 〈220kV线路B套智能终端发、B套母差保护收〉 |
| B08 | ⟨ | 〈B套母差保护发、220kV线路B套智能终端收〉 |
| B09 | | 备用 |
| B10 | | 备用 |
| B11 | ⟨ | 〈GPS对时装置发、220kV线路B套合并单元收〉 |
| B12 | ⟨ | 〈GPS对时装置发、220kV线路B套智能收〉 |
| C01 | ⟨ | 〈220kV母设B套合并单元发、220kV线路B套合并单元收〉 |
| C02 | ⟨ | 〈220kV线路B套合并单元发、220kV母设B套合并单元收〉 |
| C03 | | 备用 |
| C04 | | 备用 |
| C05 | | 备用 |
| C06 | | 备用 |
| C07 | | 备用 |
| C08 | | 备用 |
| C09 | | 备用 |
| C10 | | 备用 |
| C11 | | 备用 |
| C12 | | 备用 |

至220kV线路保护测控柜20DF
24芯多模铠装光缆

至220kV母设智能组件右柜20DF
4芯多模铠装光缆

图 3-36　线路间隔的 B 网光纤配线箱联系示意图

### 3.2.2  主变压器保护光纤回路

主变压器间隔光纤回路的连接方式与线路间隔的连接方式基本相同，这里不再重复描述。按照 Q/GDW 441—2010《智能变电站继电保护技术规范》5.3，变压器保护跳母联、分段断路器及闭锁备自投、启动失灵等可采用 GOOSE 网络传输的要求。工程应用中主变压器保护跳三侧母联（分段）通过网络跳闸，因此在通道示意图中没有到母联（分段）的物理光纤。保护装置的配置如下：

A、B 套保护装置为南瑞 PCS-978，高压侧 A、B 套合并单元为 PCS-221G-I，A、B 套智能终端为 PCS-222B-I；中低压侧 A、B 套合并终端为 PCS-222EA-I，本体智能终端为 PCS-222TU。高、中、低压侧及本体测控装置为 CSI-200EA/E。

1. 220kV 主变压器保护装置 A 套光纤回路

A 套保护装置型号为 PCS-978，光纤联系示意图如图 3-37 所示。

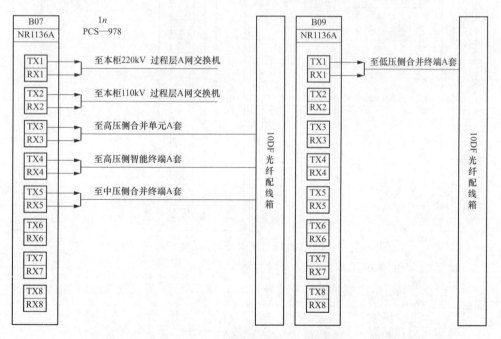

图 3-37  220kV 主变压器保护装置 A 套光纤联系示意图

（1）以太网 DSP 插件 B07 插件端口：端口 1 连接 220kV 过程层 A 网交换机，端口 2 连接 110kV 过程层 A 网交换机，端口 3 连接高压侧 A 套合并单元，端口 4 连接高压侧 A 套智能终端，端口 5 连接中压侧 A 套合并终端（合并终端为合并单元与智能终端的组合智能设备）。

（2）以太网 DSP 插件 B09 插件端口：端口 1 连接低压侧 A 套合并终端。

2. 220kV 主变压器保护装置 B 套光纤回路

B 套保护装置型号为 PCS-978，光纤联系示意图如图 3-38 所示。

（1）以太网 DSP 插件 B07 插件端口：端口 1 连接 220kV 过程层 B 网交换机，端口 2 连接 110kV 过程层 B 网交换机，端口 3 连接高压侧 B 套合并单元，端口 4 连接高压侧 B 套智能终端，端口 5 连接中压侧 B 套合并终端（合并终端为合并单元与智能终端的组合智能设备）。

（2）以太网 DSP 插件 B09 插件端口：端口 1 连接低压侧 B 套合并终端。

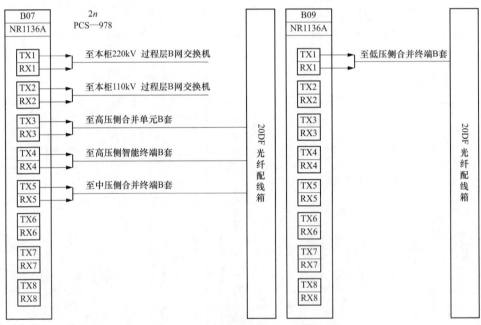

图 3-38　220kV 主变压器保护装置 B 套光纤联系示意图

3. 220kV 主变压器高、中压侧测控装置光纤回路

主变压器高、中压侧测控装置型号为 CSI-200EA/E，光纤联系示意图如图 3-39 所示。

高压侧测控装置的 SV 插件端口 A 连接高压侧 A 套合并单元端口。

高压侧测控装置的 GOOSE 插件端口 A 连接 220kV 过程层 A 网交换机。端口 B 连接 220kV 过程层 B 网交换机。

中压侧测控装置的 SV 插件端口 A 连接中压侧 A 套合并单元端口。

中压侧测控装置的 GOOSE 插件端口 A 连接 110kV 过程层 A 网交换机。端口 B 连接 110kV 过程层 B 网交换机。

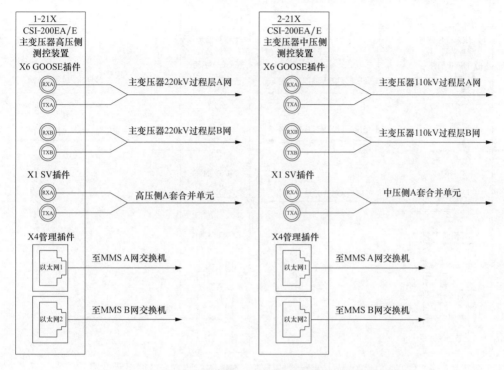

图 3-39　220kV 主变压器高、中压侧测控装置光纤联系示意图

4. 220kV 主变压器低压侧、本体测控装置光纤回路

主变压器低压侧、本体测控装置型号为 CSI-200EA/E，光纤联系示意图如图 3-40 所示。

低压侧测控装置的 SV 插件端口 A 连接低压侧 A 套合并单元端口。

低压侧测控装置的 GOOSE 插件端口 A 连接 110kV 过程层 A 网交换机。端口 B 连接 110kV 过程层 B 网交换机（工程中主变压器低压侧不再单独组网，低压侧 GOOSE 信息通过 110kV 过程层组网）。

本体测控装置的 GOOSE 插件端口 A 连接 110kV 过程层 A 网交换机。端口 B 连接连接 110kV 过程层 B 网交换机。

5. 220kV 线路保护过程层 A 网交换机光纤回路

220kV 线路保护过程层 A 网交换机光纤联系示意图如图 4-41 所示。

端口 P1 连接 A 套主变压器保护端口，端口 P2 连接主变压器高压侧 A 套合并单元端口，端口 P3 连接主变压器高压侧 A 套智能终端端口，端口 P5 连接主变压器高压侧 A 套测控装置端口，端口 P20 连接过程层 A 网中心交换机。

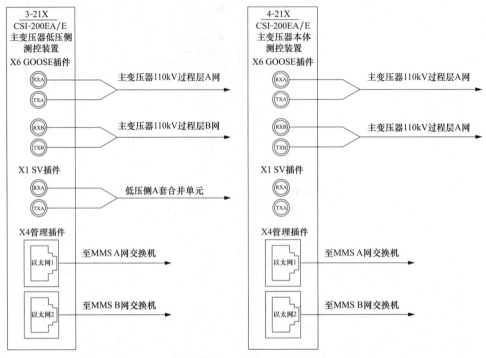

图 3-40    220kV 主变压器低压侧、本体测控装置光纤联系示意图

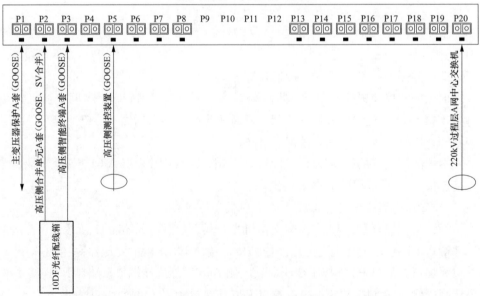

图 3-41    220kV 线路保护过程层 A 网交换机光纤联系示意图

6. 220kV 线路保护过程层 B 网交换机光纤回路

220kV 线路保护过程层 B 网交换机光纤联系示意图如 3-42 所示。

端口 P1 连接 B 套主变压器保护端口，端口 P2 连接主变压器高压侧 B 套合并单元端口，端口 P3 连接主变压器高压侧 B 套智能终端端口，端口 P5 连接主变压器高压侧 B 套测控装置端口，端口 P20 连接过程层 B 网中心交换机。

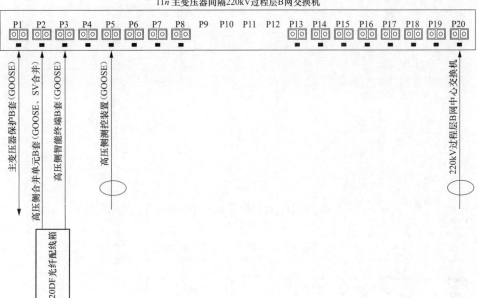

图 3-42　220kV 线路保护过程层 B 网交换机光纤联系示意图

7. 110kV 线路保护过程层 A 网交换机光纤回路

110kV 线路保护过程层 A 网交换机光纤联系示意图如图 3-43 所示。

端口 P1 连接 A 套主变压器保护端口，端口 P2 连接中压侧 A 套合并终端，端口 P4 连接中压侧测控装置，端口 P5 连接低压侧 A 套合并终端，端口 P7 连接低压侧测控装置，端口 P13 连接本体测控装置，端口 P16 连接本体智能终端，端口 P20 连接 110kV 过程层 A 网中心交换机。

8. 110kV 线路保护过程层 B 网交换机光纤回路

110kV 线路保护过程层 B 网交换机光纤联系示意图如图 3-44 所示。

端口 P1 连接 B 套主变压器保护端口，端口 P2 连接中压侧 B 套合并终端，端口 P4 连接中压侧测控装置，端口 P5 连接低压侧 B 套合并终端，端口 P7 连接低压侧测控装置，端口 P13 连接本体测控装置，端口 P16 连接本体智能终端，端口 P20 连接 110kV 过程层 B 网中心交换机。

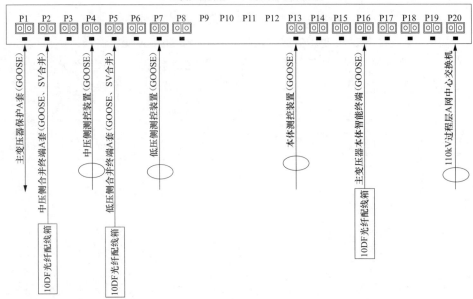

图 3-43　110kV 线路保护过程层 A 网交换机光纤联系示意图

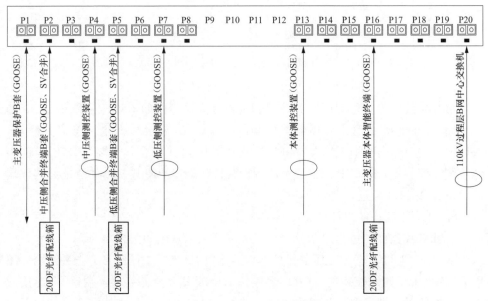

图 3-44　110kV 线路保护过程层交换机 A 光纤联系示意图

9. 高压侧 A 套合并单元光纤回路

高压侧 A 套合并单元型号为 PCS-221G-I，光纤联系示意图如图 3-45 所示。

（1）主 DSP 插件：端口 1 连接 220kV 过程层 A 网交换机端口，端口 2 连接主变压器 A 套保护装置端口，端口 3 连接 220kV A 套母线保护装置端口，端口 4 连接主变压器高压侧测控装置端口。

（2）采样 DPS 插件：端口 1 连接 220kV A 套母线 TV 合并单元端口。

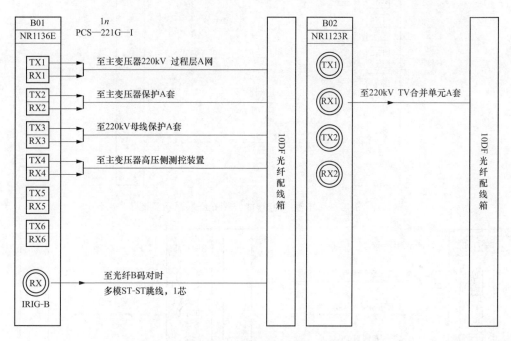

图 3-45  高压侧 A 套合并单元光纤联系示意图

10. 高压侧 A 套智能终端光纤回路

高压侧 A 套智能终端型号为 PCS-222B-I，光纤联系示意图如图 3-46 所示。

主 DSP 插件：端口 1 连接 220kV 过程层 A 网交换机端口，端口 2 连接主变压器 A 套保护装置端口，端口 3 连接 220kV A 套母线保护装置端口。

11. 高压侧 B 套合并单元光纤回路

高压侧 B 套合并单元型号为 PCS-221G-I，光纤联系示意图如图 3-47 所示。

（1）主 DSP 插件：端口 1 连接 220kV 过程层 B 网交换机端口，端口 2 连接主变压器 B 套保护装置端口，端口 3 连接 220kV B 套母线保护装置端口，端口 4 连接主变压器高压侧测控装置端口。

（2）采样 DPS 插件：端口 1 连接 220kV B 套母线 TV 合并单元端口。

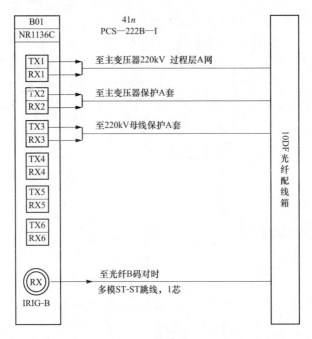

图 3-46　高压侧 A 套智能终端光纤联系示意图

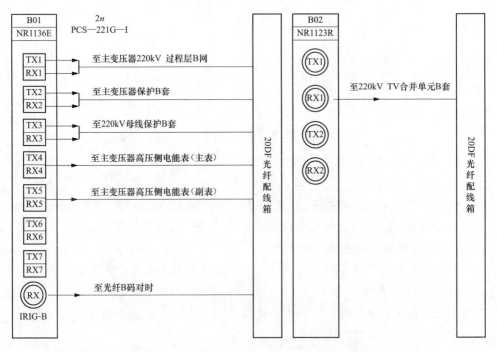

图 3-47　高压侧 B 套合并单元光纤联系示意图

12. 高压侧 B 套智能终端光纤回路

B 套智能终端型号为 PCS-222B-I，光纤联系示意图如图 3-48 所示。

主 DSP 插件：端口 1 连接 220kV 过程层 B 网交换机端口，端口 2 连接主变压器 B 套保护装置端口，端口 3 连接 220kV B 套母线保护装置端口。

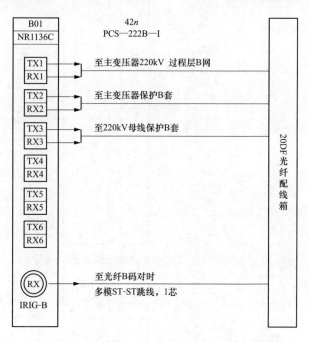

图 3-48  高压侧 B 套智能终端光纤联系示意图

13. 中压侧 A 套合并终端光纤回路

中压侧 A 套合并终端型号为 PCS-222EA-I，光纤联系示意图如图 3-49 所示。

（1）主 DSP 插件。端口 1 连接 110kV 过程层 A 网交换机端口，端口 2 连接主变压器 A 套保护装置端口，端口 3 连接 110kV A 套母线保护装置端口，端口 4 连接主变压器高压侧测控装置端口。

（2）采样 DPS 插件：端口 1 连接 110kV A 套母线 TV 合并单元端口。

14. 中压侧 B 套合并终端光纤回路

中压侧 B 套合并终端型号为 PCS-222EA-I，光纤联系示意图如图 3-50 所示。

（1）主 DSP 插件：端口 1 连接 110kV 过程层 B 网交换机端口，端口 2 连接主变压器 B 套保护装置端口，端口 3 连接 110kV B 套母线保护装置端口，端口 4 连接主变压器中压侧测控装置端口。

（2）采样 DPS 插件：端口 1 连接 110kV B 套母线 TV 合并单元端口。

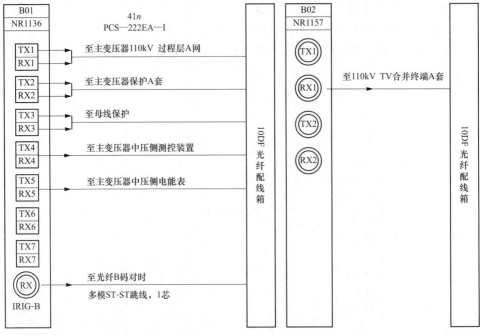

图 3-49　中压侧 A 套合并终端光纤联系示意图

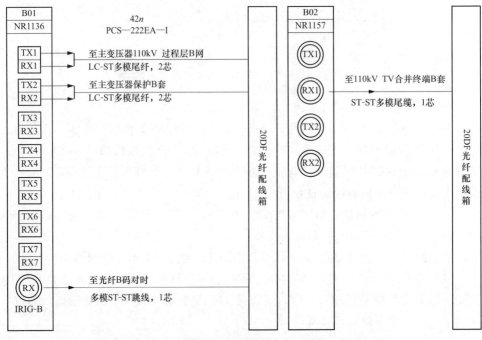

图 3-50　中压侧 B 套合并终端光纤联系示意图

15. 低压侧 A、B 套合并终端光纤回路

低压侧 B 套合并终端型号为 PCS-22EA-I，光纤联系示意图如图 3-51 所示。

（1）A 套合并终端的主 DSP 插件：端口 1 连接 110kV 过程层 A 网交换机端口，端口 2 连接主变压器 A 套保护装置端口，端口 3 连接 110kV B 套母线保护装置端口，端口 4 连接 110kV 高压侧测控装置端口。

（2）采样 DPS 插件：端口 1 连接 110kV B 套母线 TV 合并单元端口。

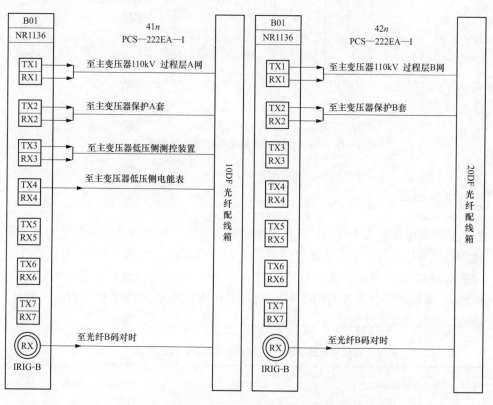

图 3-51  低压侧 A、B 套合并终端光纤联系示意图

16. 本体智能终端光纤回路

本体智能终端型号为 PCS-222TU，光纤联系示意图如图 3-52 所示。

主 DSP 插件：端口 1 连接 110kV 过程层 A 网交换机端口，端口 2 连接 110kV 过程层 B 网交换机端口。

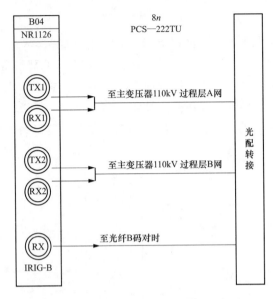

图 3-52　本体智能终端光纤联系示意图

## 3.3　虚回路

　　智能变电站改变了传统综合自动化变电站通过二次电缆进行继电保护及自动化的调试方法。智能变电站通过虚端子进行逻辑链接（见表 3-13），通过合并单元进行模拟量的调试、通过智能终端进行开关量的调试。智能设备基于 IEC 61850，将站内各个装置功能数据组网，实现智能变电站的保护、测量、计量、录波、对时等系统功能。

表 3-13　　　　　　智能变电站 220kV 线路保护 GOOSE 输出虚端子

| 序号 | 本装置数据属性 | 本装置数据描述 | 设计描述 | 接收方装置名称 | 接收方数据属性 | 备注 |
|---|---|---|---|---|---|---|
| 1 | PI1/Break1PTRC1 $ ST $ Tr $ phsA | 跳开关 1A 相 | 线路保护 A 套跳 A 相 | 220kV 线路智能终端 A 套 | RPIT/GOINGGIO1 $ ST $ SPCSO1 $ stVal | 点对点 |
| 2 | PI1/Break1PTRC1 $ ST $ Tr $ phsB | 跳开关 1B 相 | 线路保护 A 套跳 B 相 | 220kV 线路智能终端 A 套 | RPIT/GOINGGIO1 $ ST $ SPCSO6 $ stVal | 点对点 |
| 3 | PI1/Break1PTRC1 $ ST $ Tr $ phsC | 跳开关 1C 相 | 线路保护 A 套跳 C 相 | 220kV 线路智能终端 A 套 | RPIT/GOINGGIO1 $ ST $ SPCSO11 $ stVal | 点对点 |

续表

| 序号 | 本装置数据属性 | 本装置数据描述 | 设计描述 | 接收方装置名称 | 接收方数据属性 | 备注 |
|---|---|---|---|---|---|---|
| 4 | PI1/Break1PTRC1 \$ ST \$ StrBF \$ phsA | 启动开关 1A 相失灵 | 线路保护 A 套启动失灵 A 相 | 220kV 母线保护 A 套 | 网络数据 | 网络 |
| 5 | PI1/Break1PTRC1 \$ ST \$ StrBF \$ phsB | 启动开关 1B 相失灵 | 线路保护 A 套启动失灵 B 相 | 220kV 母线保护 A 套 | 网络数据 | 网络 |
| 6 | PI1/Break1PTRC1 \$ ST \$ StrBF \$ phsC | 启动开关 1C 相失灵 | 线路保护 A 套启动失灵 C 相 | 220kV 母线保护 A 套 | 网络数据 | 网络 |
| 7 | PI1/Break1PTRC1 \$ ST \$ BlkRecST \$ stVal | 闭锁开关 1 重合闸 | 线路保护 A 套闭锁重合闸 | 220kV 线路智能终端 A 套 | RPIT/GOINGGIO1 \$ ST \$ SPCSO16 \$ stVal | 点对点 |
| 8 | PI1/RREC1 \$ ST \$ Op \$ general | 重合闸 | 线路保护 A 套重合闸 | 220kV 线路智能终端 A 套 | RPIT/GOINGGIO1 \$ ST \$ SPCSO31 \$ stVal | 点对点 |
| 9 | PI1/GGIO6 \$ ST \$ Alm1 \$ stVal | 纵联通道告警 | 线路保护 A 套纵联通道告警 | 220kV 线路测控装置 | TRIP/GOINGGIO 1. Ind191. stVal | 网络 |

基于智能变电站在建设过程中的实际应用，下面以南瑞 PCS-931、北京四方 CSC-103 线路保护，CSC-326 主变压器保护，CSC-150 母线保护为例，进一步说明继电保护重要虚端子（以下称为联闭锁信息）的连接关系和检查方法，由于各生产厂家的采样及信号等虚端子数据模型不同，不作详细说明。

### 3.3.1 220kV 线路保护联闭锁信息

220kV 线路保护（以南瑞 PCS-321 为例）与相关保护及安全自动装置的联闭锁信息主要分为组网输入、点对点输入、组网输出、点对点输出等，逻辑链接如图 3-53 所示，检查方法见表 3-14。

组网输入信息：接收母差保护动作启动远跳的信息。该信息如同常规保护的其他保护动作开入，主要作用是当线路间隔的开关与 TA 之间发生死区故障时，为了实现全线速动，母差保护动作后启动远跳，跳开对侧开关。

组网输出信息：发送至故障录波装置的单跳、三跳、重合信息；发送至母差保护的单跳启动失灵信息。

点对点输入信息：接收本套智能终端的开关位置、闭锁重合闸等信息。

点对点输出信息：发送至智能终端的单跳和重合信息。

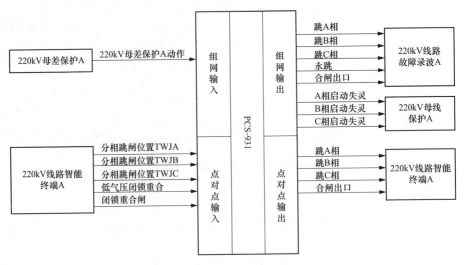

图 3-53　220kV 线路保护联闭锁信息逻辑链接图

**表 3-14**　　　　　　　　　**220kV 线路保护联闭锁信息检查方法**

220kV 线路保护（PCS-931）GOOSE 输入/输出

GOOSE 输出：组网 GOOSE 输出 1

| 序号 | 数据描述 | 接受对象 | 检查方法 |
|---|---|---|---|
| 1 | A 相启动失灵（经 GOOSE 压板控制） | 220kV 母线保护 A | 投 GOOSE 启动失灵软压板，模拟单相故障，检查母差保护面板是否有动作信息 |
| 2 | B 相启动失灵（经 GOOSE 压板控制） | 220kV 母线保护 A | |
| 3 | C 相启动失灵（经 GOOSE 压板控制） | 220kV 母线保护 A | |

GOOSE 输入：组网 GOOSE 输入

| 序号 | 数据描述 | 发送对象 | 检查方法 |
|---|---|---|---|
| 1 | 母差远跳命令 | 220kV 母线保护 A | 进母线保护装置调试菜单开出传动 |

GOOSE 输出：点对点 GOOSE 输出

| 序号 | 数据描述 | 接受对象 | 检查方法 |
|---|---|---|---|
| 1 | 跳 A 相 | 220kV 线路智能终端 A | 投入 GOOSE 跳闸软压板，模拟单相故障，检查智能终端面板指示灯 |
| 2 | 跳 B 相 | 220kV 线路智能终端 A | |
| 3 | 跳 C 相 | 220kV 线路智能终端 A | |
| 4 | 合闸出口 | 220kV 线路智能终端 A | 投入合闸软压板，模拟单相故障重合，查看智能终端指示灯 |

续表

| 序号 | 数据描述 | 发送对象 | 检查方法 |
|---|---|---|---|
| GOOSE 输出：点对点 GOOSE 输入 | | | |
| 1 | 分相跳闸位置 TWJA | 220kV 线路智能终端 A | 短接跳位 A 的接点，断开合位接点 |
| 2 | 分相跳闸位置 TWJB | 220kV 线路智能终端 A | 短接跳位 B 的接点，断开合位接点 |
| 3 | 分相跳闸位置 TWJC | 220kV 线路智能终端 A | 短接跳位 C 的接点，断开合位接点 |
| 4 | 低气压闭锁重合 | 220kV 线路智能终端 A | 短接机构低气压闭锁重合闸接点 |
| 5 | 闭锁重合闸 | 220kV 线路智能终端 A | 短接机构闭锁重合闸接点 |

### 3.3.2　主变压器保护联闭锁信息

220kV 主变压器保护（以 CSC-326 装置为例）与相关保护及安全自动装置的联闭锁信息主要分为组网输入、组网输出、点对点输出等，逻辑链接如图 3-54 所示，检查方法见表 3-15。

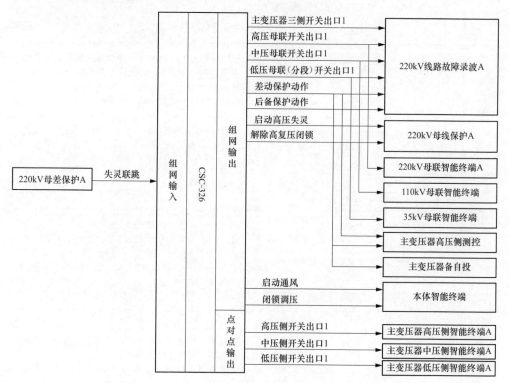

图 3-54　220kV 主变压器保护联闭锁信息逻辑链接图

组网输入信息：接收失灵保护动作联跳主变压器三侧的信息。

组网输出信息：发送至故障录波装置的跳高压侧、中压侧、低压侧及各侧母联等信息；发送至母差保护的高压侧启动失灵、解除高复压闭锁等信息；发送至各侧母联智能终端的跳闸信息；发送至主变压器备自投的闭锁信息；发送至本体智能终端的启动通风和闭锁调压的信息等。

点对点输出信息：发送至高、中、低压侧智能终端的跳闸信息。

表 3-15　　　　　　　　220kV 主变压器保护联闭锁信息检查方法

主变压器保护 A GOOSE 输入/输出

GOOSE 输出：组网 GOOSE 输出

| 序号 | 数据描述 | 接受对象 | 检查方法 |
|---|---|---|---|
| 1 | 高压开关出口 1 | 220kV 母线保护 A | 用差动保护模拟单相故障，220kV 母线保护 A 上查看相关信息。<br>220kV 母差 A 显示：主变压器 1 失灵启动 |
| 2 | 高压母联出口 1 | 22kV 母联智能终端 A | 用高后备保护过流故障（并在跳闸矩阵上整定跳母联控制字），在 220kV 母联智能终端 A 上查看相关信息。<br>母联智能终端 A 跳 A、B、C，指示灯亮 |
| 3 | 中压母联出口 1 | 110kV 母联合并终端 | 用中后备保护过流故障（并在跳闸矩阵上整定跳母联控制字），在 110kV 母联合并终端上查看相关信息。<br>母联智能终端保护跳闸，指示灯亮 |
| 4 | 低压 1 分段出口 | 10kV 分段合并终端 | 用低后备保护过流故障（并在跳闸矩阵上整定跳分段控制字），在 10kV 分段合并终端上查看相关信息。<br>10kV 分段合并终端保护跳闸，指示灯亮 |
| 5 | 闭锁调压 | 本体智能终端 | 大于闭锁调压定值 |

GOOSE 输入：组网 GOOSE 输入

| 序号 | 数据描述 | 发送对象 | 检查方法 |
|---|---|---|---|
| 1 | 高失灵 GOOSE 开入 | 220kV 母线保护 A | 在 220kV 母差保护上投 "1 号主变压器失灵联压板"；再传动 "1 号主变压器失灵跳闸"。保护装置上显示高失灵 GOOSE 开入。主变压器高压侧失灵联跳高、中、低三侧 |

GOOSE 输出：点对点 GOOSE 输出

| 序号 | 数据描述 | 接受对象 | 检查方法 |
|---|---|---|---|
| 1 | 高压开关出口 1 | 主变压器高压侧智能终端 A | 用差动保护模拟单相故障，在主变压器高压侧智能终端 A 上查看相关信息。<br>主变压器高压侧智能终端 A 跳 A、B、C，指示灯亮 |

续表

GOOSE 输出：点对点 GOOSE 输出

| 序号 | 数据描述 | 接受对象 | 检查方法 |
|---|---|---|---|
| 2 | 中压开关出口 1 | 主变压器中压侧合并终端 A | 用差动保护模拟单相故障，在主变压器中压侧合并终端 A 上查看相关信息。<br>主变压器中压侧合并终端保护跳闸，指示灯亮 |
| 3 | 低压 1 分支开关出口 | 主变压器低压侧合并终端 A | 用差动保护模拟单相故障，在主变压器低压侧合并终端上查看相关信息。<br>主变压器低压侧合并终端保护跳闸，指示灯亮 |

### 3.3.3　220kV 母线保护联闭锁信息

　　220kV 母线保护装置（CSC-150）与其他保护及安全自动装置的联闭锁信息主要分为组网输入、组网输出、点对点输入、点对点输出等，逻辑链接如图 3-55 所示。

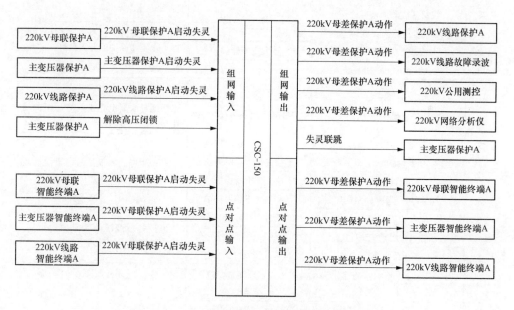

图 3-55　220kV 母差保护联闭锁信息逻辑链接图

　　组网输入信息：接收各馈线和主变压器保护启动失灵信息；接收主变压器解除复压信息。

　　组网输出信息：发送至各线路、主变压器保护的母差及失启的动作信息等；发送到故障录波的母差及失启的动作信息；发送到主变压器保护的失启的联跳三侧信息。

点对点输入信息：接收各馈线及主变压器的智能终端发送的隔离开关位置。

点对点输出信息：发送至各馈线及主变压器智能终端的母差及失启动作跳闸信息。

表 3-16　　　　　　　　　220kV 母线保护联闭锁信息检查方法

220kV 母线保护（CSC150A）GOOSE 输入/输出

GOOSE 输出：组网 GOOSE 输出 1

| 序号 | 数据描述 | 接受对象 | 检查方法 |
|---|---|---|---|
| 1 | Ⅰ母差动出口 | 220kV 线路故障录波器 A | 模拟母差故障，保护动作，检查故障录波、各馈线保护的开入信息 |
| 2 | Ⅱ母差动出口 | 220kV 线路故障录波器 A | |
| 3 | 线路 1 启动远跳或停信 | 220kV 线路 1 保护 A | |
| 4 | 线路 2 启动停信或停信 | 220kV 线路 2 保护 A | |
| 5 | 线路 4 启动停信或停信 | 220kV 线路 3 保护 A | |
| 6 | 线路 5 启动停信或停信 | 220kV 线路 4 保护 A | |
| 7 | 线路 6 启动停信或停信 | 220kV 线路 5 保护 A | |
| 8 | 1 号主变压器失灵联跳三侧 | 1 号主变压器保护 | 模拟失灵故障，保护动作后，检查主变压器保护的开入信息 |
| 9 | 2 号主变压器失灵联跳三侧 | 2 号主变压器保护 | |

GOOSE 输入：组网 GOOSE 输入

| 序号 | 数据描述 | 发送对象 | 检查方法 |
|---|---|---|---|
| 1 | 220kV 母联保护 A 启动失灵 | 220kV 母联充电保护 A | 模拟母联充电保护故障，保护动作后，检查母线保护的开入信息 |
| 2 | 1 号主变压器保护 A 启动高压失灵 | 1 号主变压器保护 A | 模拟主变压器保护故障，保护动作后，检查母线保护的开入信息 |
| 3 | 2 号主变压器保护 A 启动高压失灵 | 2 号主变压器保护 A | |
| 4 | 1 号主变压器解除高复压闭锁 | 1 号主变压器保护 A | |
| 5 | 2 号主变压器解除高复压闭锁 | 2 号主变压器保护 A | |
| 6 | A 相启动失灵 | 220kV 各馈线线路保护 A | 模拟各馈线故障，保护动作后，检查母线保护的开入信息 |
| 7 | B 相启动失灵 | 220kV 各馈线线路保护 B | |
| 8 | C 相启动失灵 | 220kV 各馈线线路保护 C | |
| 9 | 母联断路器跳位 | 220kV 母联兼旁路智能终端 A | 分别短接母联跳位、跳位和手合接点，接点闭合后，检查母线保护的状态信息 |
| 10 | 母联断路器手合接点 | 220kV 母联兼旁路智能终端 A | |
| 11 | 母联Ⅰ母隔离开关位置 | 220kV 母联兼旁路智能终端 A | |
| 12 | 母联Ⅱ母隔离开关位置 | 220kV 母联兼旁路智能终端 A | |

GOOSE 输入：组网 GOOSE 输入

| 序号 | 数据描述 | 发送对象 | 检查方法 |
|---|---|---|---|
| 13 | 1 号主变压器高压侧Ⅰ母隔离开关位置 | 1 号主变压器高压侧智能终端 A | 分别短接 1、2 号主变压器母线侧隔离开关位置接点，接点闭合后，检查母线保护的状态信息 |
| 14 | 1 号主变压器高压侧Ⅱ母隔离开关位置 | 1 号主变压器高压侧智能终端 A | |
| 15 | 2 号主变压器高压侧Ⅰ母隔离开关位置 | 2 号主变压器高压侧智能终端 A | |
| 16 | 2 号主变压器高压侧Ⅱ母隔离开关位置 | 2 号主变压器高压侧智能终端 A | |
| 17 | 220kVⅠ母侧隔离开关位置（1G） | 220kV 各馈线智能终端 A | 分别短接各馈线母线侧隔离开关位置接点，接点闭合后，检查母线保护的状态信息 |
| 18 | 220kVⅡ母侧隔离开关位置（2G） | 220kV 各馈线智能终端 A | |

GOOSE 输出：点对点 GOOSE 输出

| 序号 | 数据描述 | 接受对象 | 检查方法 |
|---|---|---|---|
| 1 | 220kV 母联出口 | 母联间隔智能终端 A | 模拟差动保护或失灵保护故障，在 220kV 母联间隔智能终端 A 上查看相关信息。<br>220kV 母联智能终端 A 跳 A、B、C，指示灯亮 |
| 2 | 220kV 各馈线出口 | 各馈线智能终端 A | 模拟差动保护或失灵保护故障，在各馈线间隔智能终端 A 上查看相关信息。<br>各馈线间隔智能终端 A 跳 A、B、C，指示灯亮 |

# 第4章

# 智能变电站继电保护系统作业安全措施

在智能变电站继电保护和安全自动装置现场作业中，做好继电保护装置校验、缺陷处理、改扩建作业时的安全措施，是确保电网安全、可靠、稳定运行的有效保障。

 **4.1 安全措施隔离技术**

继电保护和安全自动装置的安全隔离措施一般可采用投入检修压板，退出装置软压板、出口硬压板以及断开装置间的连接光纤等方式，实现检修装置（新投运装置）与运行装置的安全隔离，具体压板及光纤说明如下：

（1）检修压板。继电保护、安全自动装置、合并单元及智能终端均设有一块检修硬压板。装置将接收到 GOOSE 报文 TEST 位、SV 报文数据品质 TEST 位与装置自身检修压板状态进行比较，做"异或"逻辑判断，两者一致时，信号进行处理或动作，两者不一致时则报文视为无效，不参与逻辑运算。保护装置、合并单元、智能终端硬压板状态动作逻辑见表 4-1。

表 4-1　　　　　保护装置、合并单元、智能终端硬压板状态动作逻辑

| 保护装置 | 合并单元 | 智能终端 | 保护动作情况 |
|---|---|---|---|
| 投检修 | 投检修 | 投检修 | 保护动作、出口跳闸 |
| 投检修 | 投检修 | 不投检修 | 保护动作、不出口跳闸 |
| 投检修 | 不投检修 | 投检修 | 保护不动作、不出口跳闸 |
| 不投检修 | 投检修 | 投检修 | 保护不动作、不出口跳闸 |
| 投检修 | 不投检修 | 不投检修 | 保护不动作、不出口跳闸 |
| 不投检修 | 投检修 | 不投检修 | 保护不动作、不出口跳闸 |
| 不投检修 | 不投检修 | 投检修 | 保护动作、不出口跳闸 |
| 不投检修 | 不投检修 | 不投检修 | 保护动作、出口跳闸 |

（2）软压板。软压板分为发送软压板和接收软压板，用于从逻辑上隔离信号输出、输入。装置输出信号由保护输出信号和发送压板数据对象共同决定，装置

输入信号由保护接收信号和接收压板数据对象共同决定，通过改变软压板数据对象的状态便可以实现某一路信号的逻辑通断。

1）GOOSE 发送软压板：负责控制本装置向其他智能装置发送 GOOSE 信号。软压板退出时，不向其他装置发送相应的保护指令。如图 4-1 所示，可通过保护装置软压板菜单查看发送软压板状态，智能保护发送软压板功能相当于常规保护装置开出硬压板（如图 4-2 所示）。

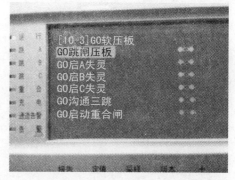

图 4-1　智能保护装置发送软压板

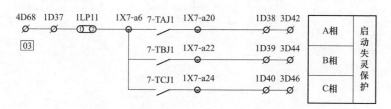

图 4-2　常规保护装置开出硬压板回路图

图 4-3　智能保护装置接收软压板

2）GOOSE 接收软压板：负责控制本装置接收来自其他智能装置的 GOOSE 信号。软压板退出时，本装置对其他装置发送来的相应 GOOSE 信号不作逻辑处理。如图 4-3 所示，可通过保护装置软压板菜单查看接收软压板状态，智能保护接收软压板功能相当于常规保护装置开入回路（如图 4-4 所示）。

3）SV 软压板：负责控制本装置接收来自合并单元的采样值信息。软压板退出时，相应采样值不显示，且不参与保护逻辑运算。如图 4-5 所示，可通过保护装置软压板菜单查看 SV 软压板状态，智能保护 SV 软压板（如图 4-5 所示）功能相当于常规保护装置电流回路连接片（如图 4-6 所示）。

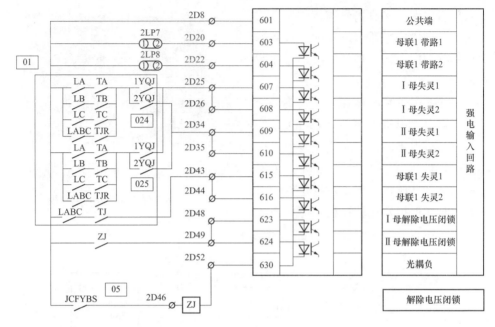

图 4-4  常规保护装置开入回路图

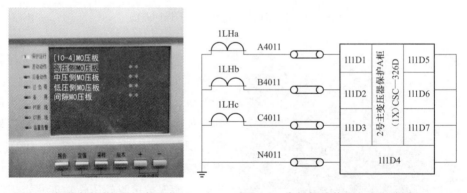

图 4-5  智能保护装置 SV 软压板

图 4-6  常规保护装置电流回路图

1LHa(b、c)—A（B、C）相电流互感器二次绕组

4）智能终端出口硬压板：安装于智能终端与断路器之间的电气回路中，可作为明显断开点，实现相应二次回路的通断。出口硬压板退出时，保护装置无法通过智能终端实现对断路器的跳、合闸。智能终端出口硬压板与常规保护装置出口硬压板功能相同。

（3）光纤。继电保护、安全自动装置和合并单元、智能终端之间的虚拟二次回路连接均通过光纤实现。断开装置间的光纤能够保证检修装置（新投运装置）与运行装置的可靠隔离。

在检修装置、相关联运行装置及后台监控系统三处核对装置的检修压板、软压板等相关信息，以确认安全措施执行到位。为提升安全措施的可靠性和完备性，智能变电站宜具备"一键式"安全措施执行功能，即在保护投退方式调整、装置缺陷处理安全隔离等情况下，可依据预先设定的安全措施票，"一键式"退出该装置发送软压板、相关运行装置的接收软压板等，实现软压板的"一键式"操作。将保护装置、二次回路及软压板等信息智能分析后以图形化显示装置检修状态和二次虚回路等的连接状态，为运维人员提供更为直观的状态确认手段。二次虚回路包含但不仅限于软压板状态、交流回路、跳闸回路、合闸回路、启失灵回路等，图形化展示方式如图 4-7 所示。

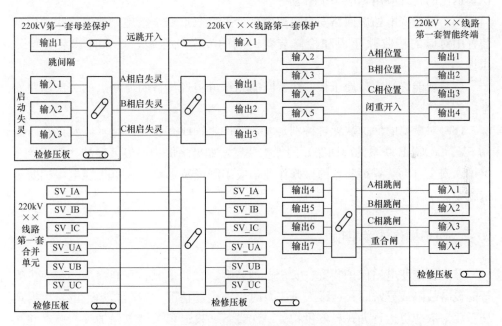

图 4-7　智能变电站继电保护系统安全措施示意图

 **安全措施实施原则**

（1）继电保护和安全自动装置的安全隔离措施一般可采用投入检修压板，退出装置软压板、出口硬压板及断开装置间的连接光纤等方式，实现检修装置（新投运装置）与运行装置的安全隔离。

（2）单套配置的装置校验、消缺等现场检修作业时，需停役相关一次设备。双重化配置的二次设备仅单套设备校验、消缺时，可不停役一次设备，但应防止一次设备无保护运行。

（3）断开装置间光纤的安全措施存在装置光纤接口使用寿命缩减、试验功能不完整等问题，对于可通过退出发送侧和接收侧两侧软压板以隔离虚回路连接关系的光纤回路，检修作业不宜采用断开光纤的安全措施。

（4）对于确无法通过退检修装置发送软压板，且相关运行装置未设置接收软压板来实现安全隔离的光纤回路，可采取断开光纤的安全措施方案，但不得影响其他装置的正常运行。

（5）断开光纤回路前，应确认其余安全措施已做好，且对应光纤已做好标识，退出的光纤应用相应保护罩套好。

（6）智能变电站虚回路安全隔离应至少采取双重安全措施，如退出相关运行装置中对应的接收软压板和检修装置对应的发送软压板，投入检修装置检修压板。

（7）智能终端出口硬压板、装置间的光纤可实现具备明显断点的二次回路安全措施。

（8）对重要的保护装置，特别是复杂保护装置或有联跳回路（以及存在跨间隔 SV、GOOSE 联系的虚回路）的保护装置，如母线保护、失灵保护、主变压器保护、安全自动装置等装置的检修作业，应编制经技术负责人审批继电保护安全措施票。

## 4.3 现场操作注意事项

（1）智能变电站保护装置、安全自动装置、合并单元、智能终端、交换机等智能设备故障或异常时，运维人员应及时检查现场情况，判断影响范围，根据现场需要采取变更运行方式、停役相关一次设备、投退相关继电保护等措施，并在现场运行规程中细化明确。

（2）合并单元、采集单元一般不单独投退，根据影响程度确定相应保护装置的投退。

1）双重化配置的合并单元、采集单元单台校验、消缺时，可不停役相关一次设备，但应退出对应的线路保护、母线保护等接入该合并单元采样值信息的保护装置。

2）单套配置的合并单元、采集单元校验、消缺时，需停役相关一次设备。

3）一次设备停役，合并单元、采集单元校验、消缺时，应退出对应的线路保护、母线保护等相关装置内该间隔的软压板（如母线保护内该间隔投入软压板、SV软压板等）。

4）母线合并单元、采集单元校验、消缺时，按母线电压异常处理。

（3）智能终端可单独投退，也可根据影响程度确定相应保护装置的投退。

1）双重化配置的智能终端单台校验、消缺时，可不停役相关一次设备，但应退出该智能终端出口压板，退出重合闸功能，同时根据需要退出受影响的相关保护装置。

2）单套配置的智能终端校验、消缺时，需停役相关一次设备，同时根据需要退出受影响的相关保护装置。

3）网络交换机一般不单独投退，可根据影响程度确定相应保护装置的投退。

（4）装置检修压板操作原则。

1）操作保护装置检修压板前，应确认保护装置处于信号状态，且与之相关的运行保护装置（如母差保护、安全自动装置等）二次回路的软压板（如失灵启动软压板等）已退出。

2）在一次设备停役时，操作间隔合并单元检修压板前，需确认相关保护装置的SV软压板已退出，特别是仍继续运行的保护装置。在一次设备不停役时，应在相关保护装置处于信号或停用后，方可投入该合并单元检修压板。对于母线合并单元，在一次设备不停役时，应先按照母线电压异常处理、根据需要申请变更相应继电保护的运行方式后，方可投入该合并单元检修压板。

3）在一次设备停役时，操作智能终端检修压板前，应确认相关线路保护装置的"边（中）断路器置检修"软压板已投入（若有）。在一次设备不停役时，应先确认该智能终端出口硬压板已退出，并根据需要退出保护重合闸功能、投入母线保护对应隔离开关强制软压板后，方可投入该智能终端检修压板。

4）操作保护装置、合并单元、智能终端等装置检修压板后，应查看装置指示灯、人机界面变位报文或开入变位等情况，同时核查相关运行装置是否出现非预期信号，确认正常后方可执行后续操作。

（5）双重化配置二次设备中，单一装置异常情况时，现场应急处置方式可参照以下执行：保护装置异常时，投入装置检修压板，重启装置一次；智能终端异常时，退出出口硬压板，投入装置检修压板，重启装置一次；间隔合并单元异常时，相关保护退出（改信号）后，投入合并单元检修压板，重启装置一次；网络交换机异常时，现场重启一次。上述装置重启后，若异常消失，将装置恢复到正常运行状态；若异常未消失，应保持该装置重启时状态，并申请停役相关二次设备，必要时申请停役一次设备。各装置操作方式及注意事项应在现场运行规程中细化明确。

（6）一次设备停役时，若需退出继电保护系统，宜按以下顺序进行操作。

1）退出相关运行保护装置中该间隔的 SV 软压板或间隔投入软压板。

2）退出相关运行保护装置中该间隔的 GOOSE 接收软压板（如启动失灵等）。

3）退出该间隔保护装置中跳闸、合闸、启失灵等 GOOSE 发送软压板。

4）退出该间隔智能终端出口硬压板。

5）投入该间隔保护装置、智能终端、合并单元检修压板。

（7）一次设备复役时，继电保护系统投入运行，宜按以下顺序进行操作。

1）退出该间隔合并单元、保护装置、智能终端检修压板。

2）投入该间隔智能终端出口硬压板。

3）投入该间隔保护装置跳闸、重合闸、启失灵等 GOOSE 发送软压板。

4）投入相关运行保护装置中该间隔的 GOOSE 接收软压板（如失灵启动、间隔投入等）。

5）投入相关运行保护装置中该间隔 SV 软压板。

 **4.4 设备停电检修操作流程**

停电检修是指一次设备停电的情况下二次设备的检修，包括间隔整体停电和间隔部分停电两种情况。

### 4.4.1 线路间隔整体停电检修

220kV 线路保护（单套）技术实施方案示意图如图 4-8 所示。

根据图 4-8，线路间隔整体停电检修时，二次设备按以下流程操作。

（1）母线保护退出线路间隔的"合并单元（MU）投入"软压板。

（2）母线保护退出对应线路间隔的"GOOSE 接收""GOOSE 出口"软压板。

（3）退出线路保护跳、合开关硬压板。

（4）投入合并单元（MU）、线路保护装置、智能终端检修压板。

（5）退出线路保护"GOOSE 启动失灵出口"软压板。

（6）必要时，断开合并单元（MU）至母线保护的光纤。

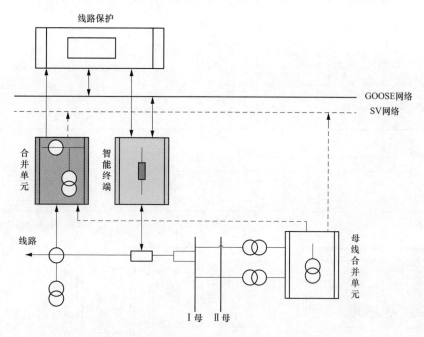

图 4-8 220kV 线路保护（单套）技术实施方案示意图

## 4.4.2 主变压器间隔整体停电检修

以各间隔独立配置子单元为例，220kV 母线保护（单套）技术实施方案示意图如图 4-9 所示。

根据图 4-9，主变压器间隔整体停电检修时，二次设备按以下流程操作。

（1）母线保护退出主变压器各侧间隔合并单元（MU）的"合并单元（MU）投入"软压板。

（2）母线保护退出主变压器间隔的"GOOSE 接收""GOOSE 出口"软压板。

（3）退出主变压器三侧跳、合开关硬压板。

（4）投入主变压器保护、主变压器三侧合并单元（MU）、智能终端检修压板。

（5）退出保护"GOOSE 启动失灵出口""GOOSE 跳母联出口""GOOSE 跳分段出口""解除复压闭锁"等软压板。

（6）必要时，断开合并单元（MU）与母线保护、备自投等运行设备的光纤。

具体工况下的压板投退可参考 4.4.4 节，实际运行中可根据智能变电站配置情况具体编制审定。

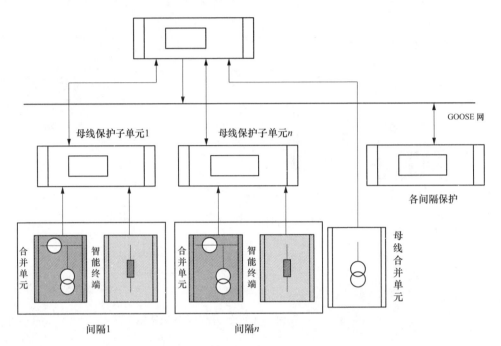

图 4-9　220kV 母线保护（单套）技术实施方案示意图

### 4.4.3　异常状态下的检修消缺

异常状态下检修消缺是指一次设备正常运行的情况下，二次设备出现异常，在不影响一次设备正常运行的前提下，进行二次设备的检修消缺。以 220kV 双套配置的线路间隔中单套 MU、保护装置、智能终端分别单独出现异常为例说明操作流程。

1. 异常及事故处理时二次设备操作原则

变电站异常及事故处理应按照相关异常及事故处理原则执行。

（1）单套配置的二次设备故障，影响保护正确动作时，应申请退出其对应的运行开关。

（2）双套配置的合并单元（MU）单套异常时，应申请停用异常合并单元（MU）、对应的线路（主变压器）保护、对应母线保护装置。因合并单元（MU）停用将影响测量或计量的数据，视影响程度确定一次设备运行状态。

（3）双套配置的保护装置，间隔保护装置异常且影响对应二次设备正常运行的（如母差、备自投等），应申请停用异常保护及对应的二次设备，一次设备可继续运行。若不影响对应的二次设备，仅退出异常间隔保护装置，一次设备可继续运行。保护退出时应停用其功能压板。

（4）双套配置智能终端单套异常时，智能终端异常且影响对应二次设备正常运行的（如母差、备自投等），应申请停用异常智能终端、对应的线路保护、对应的二次设备（如母差、备自投等），注意重合闸出口压板的切换，一次设备可继续运行。若重合闸继电器在异常智能终端中，停用时应投入第一、二套线路保护"停用重合闸"软压板，停用线路重合闸。

2. 合并单元（MU）异常时二次设备操作流程

当220kV双套配置的线路间隔中单套合并单元（MU）单独出现异常时，可按如下流程操作。

（1）投入对应母线保护检修压板。

（2）退出对应母线保护装置各功能软压板，母线保护装置停用。

（3）投入对应线路保护检修压板。

（4）退出对应线路保护装置各功能软压板，线路保护装置停用。

（5）投入合并单元（MU）检修压板。

（6）同时考虑220kV线路重合闸切换。

3. 线路保护装置异常时二次设备操作流程

当220kV双套配置的线路间隔中单套线路保护装置单独出现异常时，可按如下流程操作。

（1）投入线路保护装置检修压板。

（2）退出线路保护装置各功能软压板，线路保护装置停用。

（3）同时考虑220kV线路重合闸切换和母线失灵开入等。

4. 智能终端异常时二次设备操作流程

当220kV双套配置的线路间隔中单套智能终端单独出现异常时，可按如下流程操作。

（1）投入智能终端检修压板。

（2）退出智能终端跳、合开关出口压板。

### 4.4.4 压板投退举例说明

以双母接线的220kV智能变电站为例，智能变电站配置北京四方和南京国电南自保护，集成商为北京四方，线路保护、变压器保护、母线和母联保护在不同工况下的压板投退说明如下。

1. 线路保护各种状态下的压板投退

（1）正常运行及线路转热备用时。

1）应加用的硬压板：智能组件柜 A、B 套"跳闸出口"压板，A 套"重合闸出口"硬压板，开关"遥控操作"压板。

2）应停用的硬压板：保护装置、合并单元（MU）、智能终端"检修状态"硬压板。

3）应投入的功能软压板：A、B 套主保护投入压板，远方修改定值区，远方控制软压板。

4）应停用的功能软压板：远方修改定值、停用重合闸。

5）应投入的 SV 接收压板：A、B 套、合并单元（MU）接收软压板。

6）应投入的 GOOSE 压板（发送）：A、B 套"GOOSE 跳闸出口""GOOSE合闸出口""GOOSE 启动失灵"。

7）应投入的 GOOSE 压板（接收）：接收母线保护远方跳闸 GOOSE 信号及相关联闭锁信号的接收软压板。

（2）线路由运行转检修时。

1）应停用软压板：A、B 套"主保护"，A、B 套"GOOSE 启动失灵"。

2）应停用的硬压板：线路智能汇控柜 A、B 套出口硬压板，重合闸出口硬压板。

3）智能汇控柜开关、隔离开关方式开关置"就地"。

4）应加用的硬压板：合并单元（MU）、A、B 套保护装置、智能终端检修压板。

5）母差保护应停用的软压板：对应支路 SV 接收压板，对应支路 GOOSE 出口，对应线路 GOOSE 接收（失灵开入）软压板。

（3）调度下令停用 A 套线路保护装置时。

1）应停用的压板：A 套"GOOSE 跳闸出口"，A 套"主保护"压板，A 套"GOOSE 启动失灵"，A 套重合闸出口硬压板。

2）应加用的压板：B 套重合闸出口硬压板。

（4）调度下令停用 B 套线路保护装置时。

1）应停用的压板：B 套"GOOSE 跳闸出口"，B 套"主保护"，B 套"GOOSE 启动失灵"，B 套重合闸出口硬压板。

2）应加用的压板：A 套重合闸出口硬压板。

（5）调度下令停用 A 套保护重合闸压板时。

1）应加用的压板：B 套保护重合闸出口硬压板。

2）应停用的压板：A 套保护重合闸出口硬压板。

（6）调度下令停用线路重合闸时。

1）应停用的压板：A、B 套智能终端重合闸出口硬压板。

2）应加用的压板：A、B 套保护"停用重合闸"软压板。

（7）调度下令停用 A 套线路主保护时，应停用的压板为 A 套"主保护"。

（8）调度下令停用 B 套线路主保护时，应停用的压板为 B 套"主保护"。

2. 主变压器保护各种状态下的压板投退

（1）正常运行应加用的压板。

1）应加用的硬压板：高、中、低压侧智能组件柜 A、B 套"跳闸出口"压板、开关"遥控操作"压板、本体智能终端"跳闸出口"压板、本体重瓦斯跳闸压板、调压重瓦斯跳闸压板、冷却器全停跳闸（仅强油风冷变压器投入）。

2）应停用的硬压板：保护装置、合并单元（MU）、智能终端"检修状态"硬压板、本体智能终端油温高跳闸、绕组超温跳闸、本体压力释放、调压压力释放、压力突变、冷却器全停（自然风冷）。

3）应投入的功能软压板：A、B 套保护功能投入压板，高、中、低压侧电压压板，远方修改定值区，远方控制软压板。

4）应停用的功能软压板：远方修改定值。

5）应投入的 SV 接收压板：A、B 套高、中、低压侧合并单元（MU）接收软压板。

6）应投入的 GOOSE 压板（发送）：A、B 套"GOOSE 跳高中低侧出口""GOOSE 跳高中低压侧母联（分段）出口""GOOSE 解除高母差复压压板"，启动"高（中）失灵压板"。

7）应投入的 GOOSE 压板（接收）：GOOSE 高压侧失灵联跳压板及相关联闭锁信号的接收软压板。

（2）主变压器由运行转检修时。

1）A、B 套保护应停用的软压板：保护功能压板、GOOSE 跳高母联（分段）、GOOSE 跳中母联、GOOSE 跳低分段、GOOSE 解除高母差复压、GOOSE 启动高压失灵、GOOSE 高压侧失灵开入（即失灵联跳三侧接收软压板）。

2）应停用的硬压板：高、中、低压侧智能终端出口硬压板。

3）智能汇控柜开关、隔离开关方式开关置"就地"。

4）应加用的硬压板：各侧合并单元（MU）、主变压器保护装置、各侧智能终端检修压板。

5）A、B母差保护应停用的软压板：对应主变压器 SV 接收压板，主变压器跳闸出口，主变压器失灵开入，主变压器失灵联跳三侧开出软压板。

（3）调度下令停用 A 套主变压器保护装置时。

1）应停用的软压板：保护功能压板，GOOSE 跳高母联（分段），GOOSE 跳中母联，GOOSE 低分段，GOOSE 解除高母差复压，GOOSE 启动高压失灵。

2）应停用的硬压板：A 套高、中压侧出口硬压板（因低压侧两套保护共用一个跳闸出口，故不能停低压侧跳闸出口硬压板）。

（4）调度下令停用 B 套主变压器保护装置时。

1）应停用的软压板：保护功能压板，GOOSE 跳高母联（分段），GOOSE 跳中母联，GOOSE 低分段，GOOSE 解除高母差复压，GOOSE 启动高压失灵。

2）应停用的硬压板：B 套高、中压侧出口硬压板（因低压侧两套保护共用一个跳闸出口，故不能停低压侧跳闸出口硬压板）。

（5）调度下令停用非电量保护装置时，应停用的硬压板为非电量保护装置高、中、低压侧保护出口压板，本体重瓦斯，调压重瓦斯，油温高跳闸，绕组超温跳闸，本体压力释放，调压压力释放，压力突变，冷却器全停（自然风冷）。

（6）高、中、低压侧 TV 检修。高压侧电压压板、中压侧电压压板、低压侧电压压板正常运行时投入，当高、中、低压侧运行母线相应 TV 检修停运后，无法实现电压并列，保护装置无二次保护电压，退出该压板。

3. 母线保护各种状态下的压板投退

（1）正常运行时。

1）应停用的硬压板：保护装置、合并单元（MU）、智能终端"检修状态"。

2）应加用的软压板：差动保护压板、失灵保护压板、对应间隔投入压板、远方修改定值区、远方控制软压板。

3）应停用的功能软压板：支路×强制隔离开关位置、远方修改定值、互联软压板、分列运行软压板。

（2）母线倒闸操作前应加用的压板为 A、B 套"母线互联"软压板，倒闸操作完成后应停用的压板为 A、B 套"母线互联"软压板。

（3）单母检修时应加用的压板为 A、B 套"母联分列"软压板，恢复正常状态时应停用的压板为 A、B 套"母联分列"软压板。

（4）调度下令停用××套母差保护应停用的压板为××套"差动保护"软

压板。

（5）调度下令停用××套失灵保护应停用的压板为××套"失灵保护"软压板。

（6）调度下令停用××套保护装置应停用的压板为××套"差动保护"软压板，"失灵保护"软压板，母线所联线路开关、主变压器、母联 GOOSE 跳闸，主变压器失灵联跳三侧软压板。

4．母联保护各种状态下的压板投退

（1）正常运行时，投入母联间隔智能终端的跳闸出口压板，退出充电保护的功能压板及启动失灵 GOOSE 压板。

（2）母联、分段开关检修时应加用的压板为投入保护装置检修压板，应退出的压板为 GOOSE 启动失灵。母差保护装置应停用的压板为母联 MU 压板、GOOSE 母联或分段出口压板、GOOSE 母联或分段失灵开入，应加用的压板为分裂软压板。

（3）用母联、分段开关给新设备充电时，投入"充电过流保护""GOOSE 跳闸出口""GOOSE 启动失灵"，充电完成退出"充电过流保护""GOOSE 跳闸出口""GOOSE 启动失灵"。

（4）母线 TV 检修时，如母线 TV 二次电压并列，应断开母联开关操作电源。

# 第5章

# 智能变电站继电保护系统调试

继电保系统调试包括单体调试、网络测试、整组调试3个部分。调试阶段原则上先进行不同设备厂家互操作性和测保装置的单装置调试,然后进行系统整体调试。在网络结构上,各网络层装置应先完成各自单体调试,满足要求后再进行纵向联调,在调试过程借助第三方辅助设备配合监视、分析,然后根据现场的实际情况,在调试过程中提出并解决问题。整体试验前确保涉及本间隔的电流回路、母线保护、失灵启动、远切远跳、信号回路及其他回路安全措施已做好,间隔所涉及其他装置之间通信正常,且按运行条件设置软硬压板、系统参数和相关定值,确保装置无告警信号方可调试。

## 5.1 调试要求及流程

为了保证智能变电站投运后设备稳定、安全可靠地运行,调试要求主要通过设备单体试验校验各设备功能的完整正确性,通过对交换机的测试校验各网络的

图 5-1 智能变电站调试步骤

稳定性,通过模拟故障检查和整组试验验证各装置间虚回路连接及逻辑功能的完整正确性。具体调试步骤如图 5-1 所示。

## 5.2 单体调试

### 5.2.1 通用检查

1. 设备工作电源检查

正常工作状态下检验装置正常工作情况,内部输出电压不超过正常值的±3%。110%额定工作电源下检验装置稳定工作情况,内部输出电压不超过正常值的±3%。80%额定工作电源下检验装置稳定工作情况,内部输出电压不超过正常值的±3%。装置断电恢复过程中无异常,通电后工作稳定正常。在装置掉

电瞬间，装置不应发异常数据，继电器不应误动作。

检验方法是，将装置接入直流电源，并调节直流电源电压。

2. 通信接口检查

通信接口检查主要检查光纤接口的发送功率、接收功率、回路衰耗。要求值如下：

光波长 1310nm 光纤的发送功率：−20～−14dB，光接收灵敏度：−31～−14dB。

光波长 850nm 光纤的发送功率：−19～−10dB，光接收灵敏度：−24～−10dB。

（1）发送功率测试。将光功率计接入装置的光纤输出口进行测量。如图 5-2 所示。

（2）接收功率测试。将测试信号与光衰耗计连接，并将光衰耗计接入装置，通过调整光衰耗计使装置输入达到最小的接收功率，监测装置接收的报文是否正常。如图 5-3 所示。

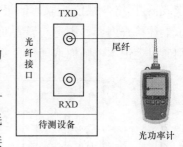

图 5-2　光纤端口发送功率检验方法

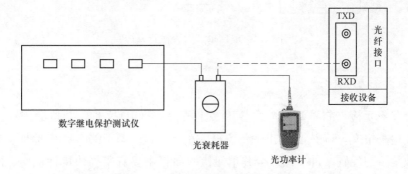

图 5-3　光纤端口接收功率检验方法

（3）回路衰耗测试。光纤回路一端加光源，另一端接光功率计，通过光源发送功率减去光功率来获取光纤回路衰耗。

3. 设备软件和通信报文检查

检查设备保护程序版本号、CRC 校验码，通信程序版本号、CRC 校验码，CID 文件版本号、CRC 校验码。设备的保护程序、通信程序、CID 文件应与历史文件比对，核对无误，方可对设备更新。检查设备过程层网络接口 SV 和 GOOSE 通信源 MAC 地址、目的 MAC 地址、VLAN ID、APPID、优先级是否正确。检查设备站控层 MMS 通信的 IP 地址、子网掩码是否正确，检查站控层 GOOSE 通信的源 MAC 地址、目的 MAC 地址、VLAN ID、APPID、优先级是否正确。检查 GOOSE 报文的发送帧数和时间间隔。GOOSE 事件报文应连续发送 5 帧，发

送间隔应为 $t_0$、$t_1$、$t_2$、$t_3$；$t_1$ 应不大于 2ms，GOOSE 发送间隔时间 $t_0$ 宜为 1～5s。检查 GOOSE 存活时间，应为当前 2 倍的 GOOSE 报文间隔时间。检查 GOOSE 的 STNUM、SQNUM。检查点对点通信接口和网络通信接口的内容，点对点通信接口的发送报文应完全映射到网络通信接口。

现场故障录波器/网络报文监视分析仪的接线和调试完成，也可以通过故障录波器/网络监视仪抓取通信报文的方法来检查相关内容。设备液晶面板能够显示上述检查内容，则通过液晶面板读取相关信息。液晶面板不能显示检查内容，则通过笔记本电脑抓取通信报文的方法来检查相关内容。如图 5-4 所示。

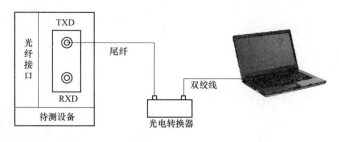

图 5-4　通信报文内容检查方法

### 5.2.2　合并单元检验

合并单元检查前需要按全站 SCD 文件配置好 CID 文件，并按通用项目的通信报文检查报文，确认其输出的 SV 报文的 SVID、APPID、MIC 地址、VLAN 等参数是否与配置文件一致。合并单元检验项目主要有采样值特性检验、同步采样性能测试、GOOSE 开入/开出检查、报文抖动误差测试、通道延时测试、电压切换/并列功能检查、检修压板闭锁功能检查、异常告警功能检查。合并单元检验步骤如图 5-5 所示，详见附录 A。

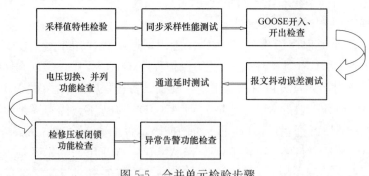

图 5-5　合并单元检验步骤

1. 采样值特性检验

（1）电压通道准确度测试。用标准三相交流信号源给待测合并单元按额定电压的 5%、80%、100%、120% 加入电压量，将模拟电压量和待测合并单元的 SV 输出同步接入合并单元测试仪，记录每一个电压通道的比值差和角差，误差特性应满足合并单元基本误差等级指标的要求。

（2）电流通道准确度测试。用标准三相交流信号源给待测合并单元按额定电流的 5%、20%、100%、120% 加入电流量，将模拟电流量和待测合并单元的 SV 输出同步接入合并单元测试仪，记录每一个电流通道的比值差和角差，误差特性应满足合并单元基本误差等级指标的要求。

2. 同步采样性能测试

（1）电压、电流模拟量相位差测。用标准三相交流信号源给间隔合并单元加入单相额定电压和单相额定电流，相位差设定为 0°。将间隔合并单元输出接至合并单元测试仪，检查间隔电压、电流间的相位差，用于测量和保护的应不超过 0.3°，用于 PMU 的应不超过 0.1°。

（2）电压数字量与电压、电流模拟量相位差测试。用标准三相交流信号源给间隔合并单元加入单相额定电压和单相额定电流，同时对母线合并单元施加单相额定电压，各模拟量之间相位差均设定为 0°。将母线合并单元与间隔合并单元级联，并将级联后的间隔合并单元输出接至合并单元测试仪，检查间隔电压、电流间的相位差，用于测量和保护的应不超过 0.3°，用于 PMU 的应不超过 0.1°。

3. GOOSE 开入、开出检查

（1）GOOSE 开入检查。母联断路器位置开入检查（仅母线 TV 合并单元）。若一次设备具备传动条件，可实际分合母联断路器，观察装置的开入状态是否正确；若一次设备不具备传动条件，可用数字式继电保护测试仪模拟断路器变位。各间隔隔离开关位置开入检查。若一次设备具备传动条件，可实际分合各间隔隔离开关，观察装置的开入状态是否正确；若一次设备不具备传动条件，可用数字式继电保护测试仪模拟隔离开关变位。

（2）GOOSE 开出检查。用报文分析仪检查合并单元的状态报文输出是否正常，通过模拟故障使合并单元输出 GOOSE 报文中某一变量变位，从报文分析中观察变位报文输出是否正确。

4. 通道延时测试

（1）电压通道采样延时测试。将合并单元输出与继电保护测试仪输出同时接至合并单元测试仪，用继电保护测试仪给待测合并单元突加电压量，测量合并单元电压通道的采样转换时间，要求不超过 2ms。将测量的实际延时与 SV 帧携带的迟延时间常数进行比较，要求采样迟延偏差小于 $5\mu s$。对电压级联情况下的通道采样延时要求与上面一致。

（2）电流通道采样延时测试。将合并单元输出与继电保护测试仪输出同时接至合并单元测试仪，用继电保护测试仪给待测合并单元突加电流量，测量合并单元电流通道的采样转换时间，要求不超过 2ms。将测量的实际延时与 SV 帧携带的迟延时间常数进行比较，要求采样迟延偏差小于 $5\mu s$。

5. 电压切换功能检查

在母线电压 MU 上分别施加 50V 和 60V 两段母线电压，母线电压 MU 与间隔 MU 级联。模拟Ⅰ母和Ⅱ母隔离开关位置，按照间隔 MU 电压切换逻辑表中依次变换信号，在光数字万用表上观察间隔 MU 输出的 SV 报文中母线电压通道的实际值，并依此判断切换逻辑。并观察在隔离开关为同分或者同合的情况下，间隔 MU 的告警情况。

6. 电压并列功能检查

模拟母联开关位置信号，分别切换母线合并单元把手至"Ⅰ母强制用Ⅱ母"或"Ⅱ母强制用Ⅰ母"状态，并置并列或解列状态（如果装置支持），在光数字万用表上观察母线电压 MU 输出的Ⅰ母和Ⅱ母电压，并依此判断并列逻辑。

7. 检修压板闭锁功能检查

（1）检修标志置位功能检查。将合并单元检修压板投入，检查合并单元输出的 SV 报文中的"TEST"值应为 1。再将合并单元检修压板退出，检查合并单元输出的 SV 报文中的"TEST"值应为 0。当合并单元检修压板投入，而 GOOSE 链路对端装置的检修压板退出时该 GOOSE 链路告警。

（2）GOOSE 报文处理机制检查。分别修改 GOOSE 报文中隔离开关位置的检修位和合并单元检修压板状态，检查合并单元对 GOOSE 检修报文处理是否正确。当检修状态一致时，合并单元将 GOOSE 隔离开关位置视为有效，当检修状态不一致时，合并单元将 GOOSE 隔离开关位置视为无效。

8. 异常告警功能检查

（1）电源中断告警。断开合并单元直流电源，检查装置告警硬接点应接通。

（2）电压异常告警。断开母线电压合并单元至间隔合并单元光纤，检查间隔合并单元应发告警信息。

（3）装置异常告警。检查装置插件故障时应有告警信号（通信板、CPU 等）。

（4）GOOSE 异常告警。断开间隔合并单元组网口光纤，检查间隔合并单元应发 GOOSE 异常告警信息；恢复对应光纤，GOOSE 异常告警复归。

### 5.2.3　智能终端检验

智能终端检验项目主要有配置文件版本及 SCD 虚端子检查、装置配置文件一致性检测、GOOSE 开入/开出检查、动作时间测试、SOE 精度测试、检修压板闭锁功能检查。检验步骤如图 5-6 所示，详见附录 B。

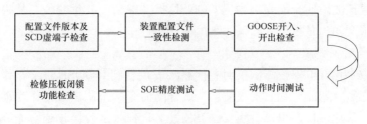

图 5-6　智能终端检验步骤

1. 配置文件版本及 SCD 虚端子检查

检查 SCD 文件头部分（Header）的版本号（version）、修订号（revision）、和修订历史（history），确认 SCD 文件的版本是否正确。采用 SCD 工具检查本装置的虚端子连接与设计虚端子图是否一致。

2. 装置配置文件一致性检测

检查待调试装置和与待调试装置有虚回路连接的其他装置是否已根据 SCD 文件正确下装配置。采用光数字万用表接入待调试装置各 GOOSE 接口，解析其输出 GOOSE 报文的 MAC 地址、APPID、GOID、数据通道等参数是否与 SCD 文件中一致；光数字万用表模拟发送 GOOSE 报文，检查待调试装置是否正常接收。检查待调试装置下装的配置文件中 GOOSE 的接收、发送配置与装置背板端口的对应关系与设计图纸是否一致。

3. GOOSE 开入、开出检查

（1）GOOSE 开入检查。根据智能终端的配置文件对数字化继电保护测试仪进行配置，将测试仪的 GOOSE 输出连接到智能终端的输入口，智能终端的输出接点接至测试仪。启动测试仪，模拟某一 GOOSE 开关量变位，检查该 GOOSE 变量所对应的智能终端输出硬接点是否闭合；模拟该 GOOSE 开关量复归，检查对应的输出硬接点是否复归。用上述方法依次检查智能终端所有 GOOSE 开入与硬接点输出的对应关系全部正确。

（2）GOOSE 开出检查。根据智能终端的配置文件对数字化继电保护测试仪进行配置，将测试仪的 GOOSE 输入连接到智能终端的输出口，智能终端的输入接点接至测试仪。启动测试仪，模拟某一开关量硬接点闭合，检查该开关量所对应的智能终端输出 GOOSE 变量是否变位；模拟该开关量硬接点复归，检查对应的智能终端输出 GOOSE 变量是否复归。用上述方法依次检查智能终端所有硬接点输入与 GOOSE 开出的对应关系全部正确。

（3）GOOSE 报文检查。用报文分析仪检查智能终端的状态报文输出是否正常，通过模拟故障使智能终端输出 GOOSE 报文中某一变量变位，从报文分析中观察变位报文输出是否正确。

4．动作时间测试

通过数字化继电保护测试仪对智能终端发跳合闸 GOOSE 报文，作为动作延时测试的起点。智能终端收到报文后发跳合闸命令送至测试仪，作为动作延时测试的终点。从测试仪发出跳合闸 GOOSE 报文，到测试仪接收到智能终端发出的跳合闸命令的时间差，即为智能终端的动作时间，测量 5 次，要求动作时间均不大于 7ms。

5．SOE 精度测试

将 SOE 高精度测试仪与卫星信号同步，使测试仪按一定的时间间隔（小于 0.5ms）对智能终端进行顺序触发，智能终端 SOE 时标应与测试仪控制输出时刻、时序一致，要求 SOE 时标误差小于 0.5ms，SOE 分辨率小于 1ms。

6．检修压板闭锁功能检查

（1）检修标志置位功能检查。将智能终端检修压板投入，检查智能终端输出的 GOOSE 报文中的"TEST"值应为 1。再将智能终端检修压板退出，检查智能终端输出的 GOOSE 报文中的"TEST"值应为 0。当智能终端检修压板投入，而 GOOSE 链路对端装置的检修压板退出时该 GOOSE 链路告警。

（2）GOOSE 报文处理机制检查。分别修改 GOOSE 跳、合闸命令报文中的检修位和智能终端检修压板状态，检查智能终端对 GOOSE 检修报文处理是否正确。当检修状态一致时，智能终端将 GOOSE 跳、合闸命令视为有效，当检修状态不一致时，智能终端将 GOOSE 跳、合闸命令视为无效。

### 5.2.4 继电保护及安全自动装置检验

继电保护和安全自动装置检验主要有定值、版本与校验码核对，SV 采样试验、GOOSE 通信试验，保护单机调试，装置闭锁及告警功能检查，置检修位检查。检验步骤如图 5-7 所示。

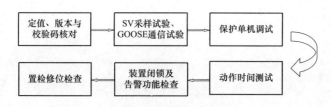

图 5-7 继电保护及安全自动装置检验步骤

（1）保护定值、版本与校验码核对。

（2）SV 采样试验，包括 SV 报文格式检查、零漂检验、采样精度检验、采样数据同步检验、采样异常闭锁检验、采样报文传输延时测试。

（3）GOOSE 通信试验，包括 GOOSE 报文格式检查、开入/开出功能检查、GOOSE 联闭锁功能检查、GOOSE 中断告警及闭锁功能检查、GOOSE 配置文本检查、GOOSE 传输时延测试。

（4）保护单机调试，包括保护功能及定值校验试验，具体参照 DL/T 995—2006《继电保护和电网安全自动装置检验规程》执行。

（5）装置闭锁及告警功能检查，包括处理单元故障诊断功能检查、电源故障诊断功能检查、通信单元故障诊断功能检查、合并单元数据异常、合并单元失步、GOOSE 数据异常等异常告警闭锁功能检查。

（6）置检修功能试验，包括间隔保护的检修状态设置功能检查、合并单元检修品质位测试、智能终端置检修状态检查。

##  网络测试

### 5.3.1 帧丢失率测试

1. 技术要求

智能变电站中收方接收不到发方传来的数据的现象称为帧丢失，此项测试用于确定两个网络端口间帧丢失的情况。交换机在吞吐量为 100％的情况下，帧丢失率应为 0。当 SV 网采用组网或与 GOOSE 共网的方式传输时，用于母差保护或主变压器差动保护的过程层交换机宜支持在任意 100M 网口出现持续 0.25ms 的 100M 突发流量时不丢包，在任意 1000M 网口出现持续 0.25ms 的 2000M 突发流量时不丢包。

2. 测试方法

按照 RFC 2544—1999《网络互联设备的定标方法》的规定，将交换机任意两个端口与测试仪相连接。两个端口同时以端口吞吐量互相发送数据；记录不同帧长的丢失率。

图 5-8　地址缓存能力
测试接线图

**2. 测试方法**

用测试仪在交换机端口注入广播报文，流量为 50％、60％、70％、80％、90％、100％时，分别检测统计端口各种报文流量，查看装置有无异常告警或报告，模拟保护区内外故障，测试保护动作情况。

**3. 测试配置**

交换机吞吐量测试接线图如图 5-9 所示。

### 5.3.3　网络风暴对电力装置的影响

**1. 技术要求**

本测试项在被测试设备通信链路上加入带外和带内报文，以一定的负荷发送报文。带外广播报文的目的地址为 FF-FF-FF-FF-FF-FF，带内风暴的报文为 GOOSE 或 SV 报文，报文 MAC 地址为 01-0C-CD-01-××-××。测试在不同负载的网络风暴下，终端设备的状态反应及发生异常的耗时。

**2. 测试方法**

网络终端设备指连接在网络上的各种智能设备，包括保护、测控、智能控制单元。

**3. 测试配置**

地址缓存能力测试接线图如图 5-8 所示。

### 5.3.2　网络风暴抑制测试

**1. 技术要求**

本项测试根据不同抑制模式和抑制流量，测试出用的交换机对于网络风暴抵制的能力。

图 5-9　交换机吞吐量
测试接线图

配置带外广播报文，测试在不同负载的带外网络风暴下，终端设备的状态反应发生异常的耗时。

测试带内 GOOSE 报文，验证终端设备状态反应发生异常的耗时。

**3. 测试配置**

网络风暴对电力装置的影响测试接线图如图 5-10 所示。

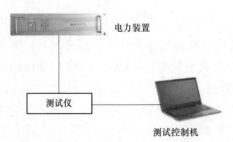

图 5-10　网络风暴对电力装置
的影响接线图

## 5.4　整组调试

整组试验可通过继电保护测试仪给合并单元加入电流、电压，并通过继电保护测试接收智能终端的动作接点，采样保护动作延时，检验整组动作时间是否符合要求。智能变电站继电保护整组测试方案同常规保护。

以某 220kV 智能变电站为例进行说明。220kV 电气接线采用双母接线，由 3 个分支单元构成，分别是线路单元、主变压器高压侧单元、母联单元。110kV 采用双母接线，10kV 采用单母分段接线。220kV 典型变电站保护装置组网如图 5-11 所示。

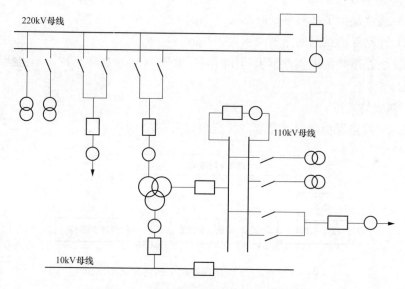

图 5-11　220kV 典型变电站保护装置组网

### 5.4.1　线路保护整组性能测试

线路保护的二次回路主要由线路保护、线路合并单元、线路智能终端、母线保护、过程层交换机以及它们之间的逻辑和物理连接构成，如图 5-12 所示。主要回路有母线合并单元到线路保护的采样回路，线路保护跳智能终端的跳闸回路，智能终端到线路保护的闭重回路，智能终端到合并单元的隔离开关位置回路，母差保护到本侧或对侧线路保护的远跳回路。

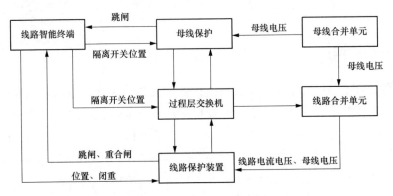

图 5-12　220kV 线路间隔内二次信息交互图

1. 检验内容及要求

（1）线路保护采样回路延时不大于 2ms。

（2）线路保护跳闸回路延时不大于 9ms。

（3）线路纵联保护装置整组动作时间不大于 41ms（自环测试，不包括纵联通道时间）。

2. 测试接线图

220kV 线路保护跳闸回路测试接线图如图 5-13 所示。

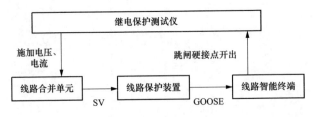

图 5-13　220kV 线路保护跳闸回路测试接线图

3. 检验方法

由继电保护测试仪从电流互感器、电压互感器二次给合并单元施加电流、电压故障量，使被测线路保护动作，经智能终端出口，将动作接点返回给测试仪。测试仪记录故障发生时刻与智能终端返回的硬接点时间差。

### 5.4.2　母差保护整组性能测试

母线保护二次回路主要由各线路间隔、变压器间隔及母联间隔构成。其中各间隔启动失灵接点以及母线保护失灵联路出口等信息通过过程层交换机传递，如

图 5-14 所示。主要回路有间隔合并单元到母线保护采样回路，母线保护跳各间隔智能终端的跳闸回路，智能终端到母差保护的隔离开关位置开入回路。

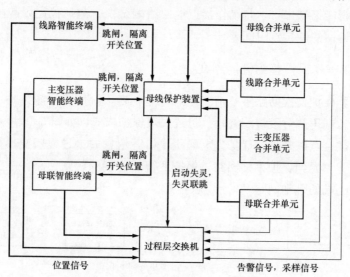

图 5-14 220kV 母线间隔间二次信息交互图

1. 检验内容及要求

（1）母线保护的采样回路延时不大于 2ms。

（2）母线保护跳闸回路延时不大于 9ms。

（3）母线保护整组动作延时不大于 31ms（大于 2 倍整定值）。

2. 测试接线图

220kV 母线保护跳闸回路测试接线图如图 5-15 所示。

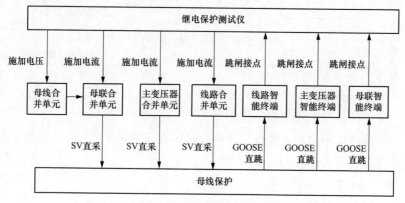

图 5-15 220kV 母线保护跳闸回路测试接线图

### 3. 检验方法

由继电保护测试仪结合合并单元施加电流、电压故障量，使被测母线保护差动动作，经智能终端出口，将动作接点返回给测试仪。测试仪记录故障发生时间与智能终端返回的硬接点时间差。

## 5.4.3 主变压器保护整组性能测试

主变压器保护二次回路主要由变压器各侧、高压侧母联智能终端、中压侧母联智能终端、低压侧分段智能终端、母线失灵保护构成，如图 5-16 所示。其中各间隔启动失灵接点以及母线保护失灵联跳出口等信息通过过程层交换机传递。主要回路有合并单元到保护采样回路，保护到智能终端的跳闸回路，主变压器保护跳母联智能终端的跳闸回路。

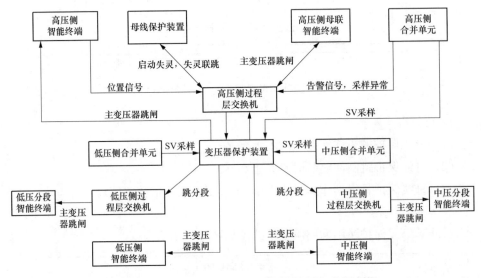

图 5-16　220kV 主变压器间隔间二次信息交互图

### 1. 检验内容及要求

（1）主变压器保护的采样回路延时不大于 2ms。

（2）主变压器保护跳闸回路延时不大于 9ms。

（3）变压器保护差动速断整组动作延时不大于 31ms（大于 2 倍整定值）；比率差动动作延时不大于 41ms。

### 2. 测试接线图

主变压器保护跳闸回路测试接线图如图 5-17 所示。

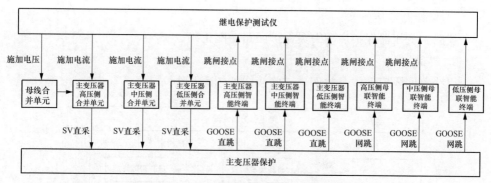

图 5-17 主变压器保护跳闸回路测试接线图

3. 检验方法

由继电保护测试仪结合合并单元施加电流、电压故障量，使被测主变压器保护差动动作，经智能终端出口，将动作接点返回测试仪。测试仪记录故障发生时刻与智能终端返回的硬接点时间差。

### 5.4.4 失灵保护整组性能测试

失灵保护二次回路主要由各间隔保护装置、各间隔合并单元、各间隔智能终端以及高压侧过程层交换机构成，如图 5-18 所示。其中各间隔启动失灵接点等信息通过过程层交换机传送母线失灵保护。主要回路有线路保护启动失灵后失灵保护跳智能终端的跳闸回路，主变压器保护启动失灵后失灵保护跳智能终端的跳闸回路，各间隔合并单元至母线失灵保护的 SV 传输延时不大于 2ms。

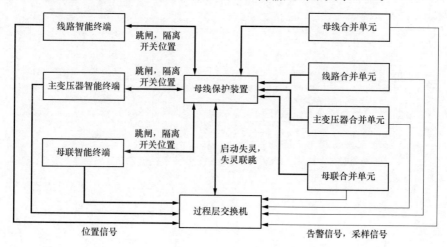

图 5-18 220kV 失灵回路二次信息交互图

1. 检验内容及要求

线路、变压器保护启动失灵保护回路功能正确。

2. 测试方案

以线路间隔启动失灵为例，试验接线如图 5-19 所示。

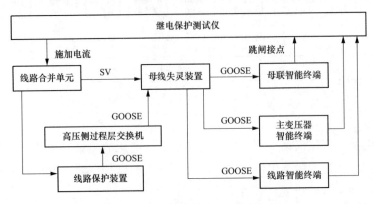

图 5-19　220kV 失灵回路测试方案

3. 检验方法

由继电保护测试仪给合并单元施加电流、电压故障量，并保证施加故障电流的时间大于失灵保护整定延时，使被测线路保护差动作，通过过程层交换机启动母线失灵保护，失灵保护动作跳各侧智能终端，将动作接点返回给测试仪。测试仪记录故障发生时刻与智能终端返回硬接点时间差。

# 第6章

# 智能变电站继电保护系统运行规范及要求

## 6.1 一般原则

（1）正常运行投入双重化的两套保护及智能终端装置之间应完全独立。

（2）运行中的保护装置、智能终端装置、合并单元严禁投入"检修状态硬压板"。

（3）一次设备运行，仅单套或多套保护装置、合并单元、智能终端装置停用时，必须加用该设备的"检修状态硬压板"，同时必须有可靠的防误退压板的措施。

（4）加强站内保护装置或 GOOSE 交换机等设备严禁断开光纤或尾纤连接。

（5）加强站内保护设备通信，尤其是 GOOSE 断链告警信号的监视，发生异常情况应立即向调度汇报，并联系专业管理部门处理。

（6）同一间隔的两个 GOOSE 网络同时断链时，此间隔失去保护，需将此间隔的一次设备或开关陪停。

## 6.2 定值管理规范

（1）正常运行时保护整定在定值 1 区，考虑特殊运行方式，设置若干个特殊定值区。

1）220kV 线路保护考虑特殊运行方式设置若干特殊定值区，其特殊定值区定值区定义见表 6-1。

表 6-1 220kV 线路保护特殊定值区定义

| 定值区号 | 存放的定值 | 定值区的切换 |
| --- | --- | --- |
| 1 区 | 正常运行定值 | 正常运行时置"1 区" |
| 2 区 | 接地距离 II 段时位 0.5s，其他定值同 1 区 | 调度下令"接地距离 II 段时位改至 0.5s"时切换 2 区 |

续表

| 定值区号 | 存放的定值 | 定值区的切换 |
|---|---|---|
| 3区 | 接地距离Ⅱ段时位 0.5s，相间距离Ⅱ段时位 0.5s，其他定值同 1 区 | 调度下令"接地距离Ⅱ段时位改至 0.5s，相间距离Ⅱ段时位改至 0.5s"时切换 3 区 |
| 4区 | 接地距离Ⅱ段时位 0.5s，相间距离Ⅱ段时位 0.5s，取消零序方向，其他定值同 1 区 | 调度下令"接地距离Ⅱ段时位改至 0.5s，相间距离Ⅱ段时位改至 0.5s，取消零序方向"时切换到 4 区 |
| 5区 | 接地距离Ⅱ段时位 0.5s，相间距离Ⅱ段时位 0.5s，零序Ⅱ段时位 0.5s，取消零序方向，其他定值同 1 区 | 调度下令"接地距离Ⅱ段时位改至 0.5s，相间距离Ⅱ段时位改至 0.5s，零序Ⅱ段时位 0.5s，取消零序方向"时切换到 5 区 |
| 6区 | 弱馈区（无弱馈可不设） | 调度下令"投入弱馈功能及其控制定字"时切换到 6 区 |

2）220kV 母联保护设置 3 个定值区分别为正常运行区，对母线、线路充电，对变压器充电。定值区定义见表 6-2。

表 6-2 　　　　　　　　　　**220kV 母联保护定值区定义**

| 定值区号 | 存放的定值 | 定值区的切换 |
|---|---|---|
| 1区 | 保护软压板、控制字停用 | 正常运行区，保护停用状态 |
| 2区 | 投充电过流、充电零序保护及失灵启动软压板及控制字 | 对母线、线路充电，保护加用状态 |
| 3区 | 退出充电过流Ⅰ段，其他同 2 区 | 对变压器充电，保护加用状态 |

3）对于未设置重合闸方式开关的保测一体化装置（如 10、35kV 以下装置），重合闸投入定值设置为 1 区，重合闸停用定值设置为 2 区。

（2）220kV 主变压器保护设置的特殊定值区，用于变压器中性点接地方式变化时，相应零序及间隙保护对应的更改。

（3）运行中的保护装置进行修改定值时，必须先投入"检修状态硬压板"，再退出 GOOSE 软压板后，方可更改定值。

（4）保护定值修改工作结束后，应重新召唤定值进行核对。核对无误后，负责人、执行人分别在定值通知单签字，盖"已执行"章，并在变电站运行记录本上做好记录。执行完的定值通知单由运行、二次检修班组各保存一份，二次检修班组负责完成系统流程。对于未配置打印机的保护装置，应通过监控后台召唤定值进行核对。

（5）后台切换保护定值区、投退软压板工作由运行人员完成，执行该项操作后需在监控后台重新召唤定值进行核对，并在变电站运行记录本上做好记录。

（6）当只有一套主保护运行时，原则上不允许对该保护装置切换定值区或更改定值。

## 6.3　压板操作规范

（1）正常运行时，应按整定及运行要求投入保护装置的功能投入软压板、GOOSE 发送（接收）软压板、智能终端装置跳合闸出口硬压板，退出装置"检修状态硬压板"。

（2）保护装置的"远方切换定值区软压板""远方控制 GOOSE 软压板"正常置"远方"位置。

（3）保护装置的"远方修改定值软压板""远方控制 GOOSE 软压板""检修状态硬压板"只能在保护装置、智能终端装置或合并单元就地更改。

（4）监控后台操作保护装置软压板时，应在后台相应间隔的压板分图界面中核对软压板的实际状态，确认后继续操作。

（5）保护装置的"检修状态硬压板"投入后，必须查看保护装置液晶面板变位报文或开入变位，确认正确后继续操作。

（6）智能终端、合并单元设备"检修状态硬压板"投入后，必须查看相应面板指示灯，确认后继续操作。

（7）失灵启动母差、失灵联跳主变压器三侧开关的 GOOSE 软压板分别配置在发送侧、接受侧，两侧软压板应同投同停。

## 6.4　保护装置运行规范

（1）220kV 母联（分段）开关冲击空母线（或线路、变压器）时，应投入母联（分段）开关充电过流保护，冲击结束后退出。

（2）220kV 母差保护中，备用间隔的"××线路 GOOSE 接收总投软压板"应设置为 0。

（3）220kV 母差保护投入运行前，运行人员应在后台检查相应间隔的软压板"××支路隔离开关强制功能"全部为 0，并确认各母线隔离开关辅助接点开入与实际位置状态一致后，可投入自适应状态。

（4）当 220kV 母差保护中母线隔离开关位置出错，可投入软压板"××支路隔离开关强制功能"，并可根据实际运行方式，投入线路Ⅰ母强制隔离开关位置或线路Ⅱ母强制隔离开关位置，此时母差保护可以继续运行，同时应联系检修人员立即处理，当一次设备运行方式发生改变时，必须及时更改母差保护中的隔离开关位置以对应实际的一次方式。恢复正常时应及时退出强制功能。

（5）母差保护发生 TA 断线闭锁差动保护，缺陷消除后，必须先复归信号，差动保护才能再次投入运行。

（6）220kV 线路保护装置包含重合闸功能，不设独立重合闸装置，线路保护或重合闸故障时，应退出该套保护装置。

（7）正常方式同时投入两套重合闸功能，且方式一致，重合闸出口仅投一套，重合闸方式更改时，必须两套重合闸同时切换。

 ## 6.5 智能终端及合并单元设备运行规范

（1）220kV 开关第一套智能终端装置因故障需要停用时，应投入第一、二套线路保护"停用重合闸"软压板，停用线路重合闸（以合闸通过第一套智能终端出口为例）。

（2）220kV 开关第二套智能终端装置停用，第二套线路保护装置也停用时，应不影响本线路的线路重合闸功能运行。

（3）合并单元故障时，应停用相应的母线保护和线路保护，相关保护及合并单元装置应投入"检修状态硬压板"。

 ## 6.6 装置检修要求

（1）原则上应在一次设备停电时进行继电保护、智能终端及合并单元装置的校验。

（2）装置校验时，应投入该装置的"检修状态硬压板"、退出"GOOSE 出口及其他软压板"；装置中的"远方修改定值软压板""远方控制 GOOSE 软压板"置"就地"位置，禁止在后台操作相关软压板，以防止后台误投联跳运行设备的GOOSE 软压板。相关保护装置若两侧配置 GOOSE 软压板时，应在发送侧、接受侧同时退出；若保护装置只配置单侧软压板时，本装置作为 GOOSE 发送侧或接受侧时，必须保证相应的 GOOSE 软压板式退出位置。

（3）装置校验时，要确保"检修状态硬压板"在投入状态的组织措施和技术措施，在校验过程中任何人不得操作"检修状态硬压板"。

（4）保护装置或智能终端、合并单元装置检验时，如需插拔光纤，只能在停运设备本侧插拔，禁止在 GOOSE 交换机侧插拔，拔下的光纤应做好防尘措施。

（5）尾纤接回后，必须检查相关装置未报 GOOSE 断链告警信号。

（6）传动试验前或联跳回路测试前，确认"检修状态硬压板"在投入状态。

（7）装置重新投入运行前，应检查保护装置正常，核对保护定值及定值区切换正确，"检修状态硬压板"在退出位置，并按调度指令投入相应的功能投入软压板和 GOOSE 功能软压板。

##  6.7　装置故障处理要求

（1）保护装置应设置有"保护动作""装置故障""装置告警"3 个总信号，"装置故障"动作闭锁装置，应立即汇报调度将保护装置停用；"装置告警"动作不闭锁保护，装置可以继续运行，运行人员需立即查明原因，并汇报相关调度确认是否需停用保护装置。

（2）运行中的继电保护装置故障应汇报调度，投入装置"检修状态硬压板"。运行人员可以重启一次，恢复正常后，退出"检修状态硬压板"后，可以继续运行。当装置重启后无法恢复正常时：

1）汇报调度许可后停用，投入"检修状态硬压板"，退出本装置 GOOSE 软压板，做好相应的安全措施，联系相关专业人员处理。

2）后台无法操作装置软压板或装置液晶无法就地操作软压板，导致无法退出本装置的功能投入软压板、GOOSE 软压板。此时，应投入装置"检修状态硬压板"，若本装置作为 GOOSE 报文接收方，退出发送侧 GOOSE 软压板；若本装置作为 GOOSE 报文发送方，接受侧设置了 GOOSE 软压板时，退出接受侧相关的 GOOSE 软压板，接受侧未设置 GOOSE 软压板的则不做处理，联系相关专业人员处理。

（3）运行中的智能终端装置故障应汇报调度，投入装置"检修状态硬压板"，退出出口硬压板。运行人员可以重启一次，装置恢复正常，退出"检修状态硬压板"，投入出口硬压板后可以继续运行。当装置重启后无法恢复正常时，汇报调度许可后停用，退出本装置出口硬压板，投入"检修状态硬压板"；联系相关专业人员处理。装置故障缺陷处理重新上电前，必须确认"检修状态硬压板"在投入状态，确认后方可重新上电。

（4）运行中合并单元装置故障应汇报调度，投入装置"检修状态硬压板"。运行人员可以重启一次，装置恢复正常，退出"检修状态硬压板"后可以继续运行。当装置重启后无法恢复运行时，汇报调度许可后停用，投入本装置"检修状态硬压板"，关掉装置电源，联系相关专业人员处理。装置故障缺陷处理重新上电前，必须确认"检修状态硬压板"在投入状态，确认后重新上电。

（5）交换机故障处理规定。

1）双重化配置的保护分别接入两个独立的 GOOSE 网。除母差保护外，双重化的保护之间不应有 GOOSE 联系，任意一台交换机损坏不应使同一设备的两套保护同时停运。

2）若发生交换机故障，关掉交换机电源，停用该交换机对应的全部保护装置，投入相关保护装置检修压板（参照智能变电站交换机端口分配表，停用相对应的保护装置）。若发生交换机端口（光口）故障，可以按照端口分配表更换备用端口。

## 6.8 保护停运方式要求

智能变电站 220kV 保护均为双重化配置，两套保护之间完全独立，不存在任何电气联系，当出现特殊情况时按下列原则处理：

（1）第一套线路保护（主变压器保护）与第二套母差失灵保护不能同时停运，若这两套保护同时停运，将导致此间隔失去失灵保护，运行人员需要立即查明相关保护停运原因，并汇报相关调度确认相关后续事项处理事宜。

（2）同一间隔的第一套线路或主变压器保护不能与第二套智能终端装置同时停运，若出现此种情况，将直接导致此间隔设备不能实现保护故障动作，运行人员需立即将相应开关或一次设备陪停，并通知相关专业人员处理。

（3）同一间隔的第一套线路或主变压器保护不能与第二套合并单元装置同时停运，若出现此种情况，将直接导致此间隔设备无保护运行，运行人员需立即将相应开关或一次设备陪停，并通知相关专业人员处理。

（4）同一开关的两个智能终端装置不能同时停运，若出现此种情况，将直接导致此间隔设备不能实现保护故障动作，运行人员需立即将相应开关或一次设备陪停，并通知相关专业人员处理。

（5）同一开关的两套合并单元装置不能同时停运，若出现此种情况，将直接导致此间隔设备无保护运行，运行人员需立即将相应开关或一次设备陪停，并通知相关专业人员处理。

## 6.9 参数管理要求

（1）全站 SCD 文件、GOOSE 交换机、保护装置、合并单元、智能终端装置等设备必须有备份文件，严禁随意更改。

（2）全站继电保护 IED 装置的 IP 地址、子网掩码、MAC 地址、交换机的 IP 地址等按变电站远景规模分配，由继电保护专业管理部门统一管理。

（3）全站 GOOSE 交换机端口按变电站终期规模分配，交换机屏柜上应粘贴端口图实际对应表，并注明调试端口。

（4）变电站若扩建，SCD 文件由集成商协同设计院完成配置，并与原 SCD 文件比对、确认正确后导出新间隔的 CID 文件下装至对应的智能装置。

（5）SCD 文件按版本号保存，每次修改后应履行相应的审批手续，投入使用的版本号不得重复，并应有修改情况的简要说明。

（6）保护装置、合并单元、智能终端装置更换，需待设置参数、下装装置 CID 文件并调试正确后才可接入网络。

# 附录 A　智能变电站合并单元调试作业指导书

## A.1　应用范围

本指导书适用于智能变电站模拟量输入式合并单元的现场调试工作，规定了现场调试的准备、调试流程、调试方法和标准及调试报告等要求，对采用电子式互感器的合并单元可参照执行。

## A.2　引用文件

下列标准及技术资料所包含的条文，通过在本作业指导书中的引用，而构成本作业指导书的条文。所有标准及技术资料都会被修订，使用作业指导书的各方应探讨使用标准及技术资料最新版本的可能性。

GB/T 5147　电力系统安全自动装置设计技术规定

GB/T 14285　继电保护和安全自动装置技术规程

DL/T 281　合并单元测试规范

DL/T 282　合并单元技术条件

DL/T 478　继电保护和安全自动装置通用技术条件

DL/T 587　微机继电保护装置运行管理规程

DL/T 782　110kV 及以上送变电工程启动及竣工验收规程

DL/T 995　继电保护和电网安全自动装置检验规程

Q/GDW 161　线路保护及辅助装置标准化设计规范

Q/GDW 175　变压器、高压并联电抗器和母线保护及辅助装置标准化设计规范

Q/GDW 267　继电保护和电网安全自动装置现场工作保安规定

Q/GDW 396　IEC 61850 工程继电保护应用模型

Q/GDW 414　变电站智能化改造技术规范

Q/GDW 426　智能变电站合并单元技术规范

Q/GDW 431　智能变电站自动化系统现场调试导则

Q/GDW 441　智能变电站继电保护技术规范

Q/GDW 689　智能变电站调试规范

Q/GDW 1799.1　国家电网公司电力安全工作规程　变电部分

## A.3　调试流程

根据调试设备的结构、校验工艺及作业环境，将智能变电站合并单元调试作业的全过程划分为以下 4 个校验步骤顺序，如图 A.1 所示。

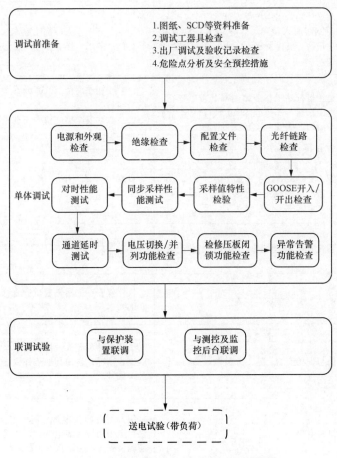

图 A.1　智能变电站合并单元调试流程图

## A.4 调试前准备

### A.4.1 准备工作安排（见表 A.1）

表 A.1　　　　　　　　　　准 备 工 作 安 排

| 序号 | 内容 | 标准 |
|---|---|---|
| 1 | 调试工作前提前 2～3 天做好摸底工作，结合现场施工情况制定本次工作的调试方案以及安全措施、技术措施、组织措施，并经正常流程审批 | （1）摸底工作包括检查现场的调试环境，试验电源供电情况，合并单元的安装情况，光纤铺设情况等。<br>（2）调试方案应细致合理，符合现场实际，能够指导调试工作 |
| 2 | 根据调试计划，组织作业人员学习作业指导书，使全体作业人员熟悉作业内容、危险源点、安全措施、进度要求、作业标准、安全注意事项 | 要求所有工作人员都明确本次校验工作的内容、进度要求、作业标准及安全注意事项 |
| 3 | 如果是在运行站工作或站内部分带电运行，提前办理工作票，并经运行单位许可；开工前需制定专门的二次安全措施票 | （1）工作票应按《电业安全工作规程》相关部分执行。<br>（2）二次安全措施票中所要求的安全措施应能有效地将工作范围与运行二次回路隔离 |
| 4 | 准备 SCD 文件、待调试装置 ICD 文件、二次接线图、光纤联系图、虚端子表、交换机配置表、设备出厂调试报告、装置技术说明书、装置厂家调试大纲 | 材料应齐全，图纸及资料应符合现场实际情况 |
| 5 | 检查系统厂内集成测试记录及出厂验收记录 | 系统配置文件 SCD 正确，系统出厂前经相关部门验收合格 |
| 6 | 检查调试所需仪器仪表、工器具 | 仪器仪表、工器具应试验合格，满足本次作业的要求 |
| 7 | 开工前与现场安装、施工人员做好交底工作 | 了解合并单元等设备的具体情况和现场可开展试验情况，告知其他工作人员安全风险点及危险区域 |
| 8 | 检查试验电源 | 用万用表确认电源电压等级和电源类型无误，应采用带有漏电保护的电源盘，并在使用前测试剩余电流动作保护装置是否正常 |

## A.4.2　工作人员要求（见表A.2）

表A.2　　　　　　　　　　　工作人员要求

| 序号 | 内容 |
|---|---|
| 1 | 现场工作人员应身体健康、精神状态良好，着装符合要求 |
| 2 | 工作人员必须具备必要的电气知识，掌握本专业作业技能，熟悉保护设备，掌握保护设备有关技术标准要求，持有保护调试职业资格证书；工作负责人必须持有本专业相关职业资格证书并经批准上岗 |
| 3 | 工作人员必须熟悉《国家电网公司电力安全工作规程》相关知识，并经考试合格 |
| 4 | 新参加电气工作的人员、实习人员和临时参加劳动的人员（管理人员、临时工等），应经过安全知识教育后，并经考试合格方可下现场参加指定的工作，并且不得单独工作 |

## A.4.3　试验仪器及材料（见表A.3）

表A.3　　　　　　　　　试验仪器及材料

| 序号 | 名称 | 型号及规格 | 数量 |
|---|---|---|---|
| 1 | 数字式继电保护测试仪 | 支持4路以上9-2SV输出、4路以上GOOSE输入输出，支持对时功能 | 1台 |
| 2 | 常规继电保护测试仪 | 支持3路以上模拟电压输出、6路以上模拟电流输出 | 1台 |
| 3 | 便携式报文分析仪 | 支持GOOSE、SV、PTP、MMS报文的在线分析和离线存储分析，有一定统计分析功能 | 1台 |
| 4 | 标准三相交流信号源 | 精度不低于0.1级 | 1台 |
| 5 | 合并单元测试仪 | 可测试模拟量输入式合并单元的暂态、稳态特性，包括绝对延时、比差、角差、复合误差 | 1台 |
| 6 | 时间同步测试仪 | 应具备各种时钟信号进行精度测试的能力 | 1台 |
| 7 | 绝缘电阻表 | 1000V/500V | 1只 |
| 8 | 光功率计 | 波长：1310/1550nm，范围：−40～10dB | 1套 |
| 9 | 激光笔 | 红色 | 1支 |
| 10 | 相关测试软件 | 包括SCD查看软件、报文分析软件、XML语法校验软件、保护测试仪应用软件等 | 1套 |
| 11 | 尾纤 | 根据装置背板光口类型和调试仪器输出光口类型选择尾纤类型 | 若干 |
| 12 | 试验直流电源 | 试验直流电源设备应可调，可调范围应满足$80\%\sim120\%U_e$ | 1台 |
| 13 | 其他设备 | 可根据现场需要确定 | |

### A.4.4 危险点分析与预防控制措施（见表 A.4）

表 A.4 危险点分析与预防控制措施

| 序号 | 防范类型 | 危险点 | 预控措施 |
|---|---|---|---|
| 1 | 人身触电 | 安全隔离 | 工作前应在危险区域设置明显的警示标识，带电设备外壳应可靠接地 |
| | | 接、拆低压电源 | 必须使用装有剩余电流动作保护装置的电源盘 |
| | | | 螺丝刀等工具金属裸露部分除刀口外包绝缘 |
| | | | 接、拆电源线时至少由两人执行，必须在电源开关拉开的情况下进行 |
| 2 | 机械伤害 | 落物打击 | 进入工作现场必须戴安全帽 |
| 3 | 防运行设备误动 | 如果是在运行站工作或站内部分带电运行，误发报文造成装置误动 | 工作负责人检查、核对试验接线正确，二次隔离措施到位并确认后，下令可以开始工作后，工作班方可开始工作 |
| | | | 测试中需要测试仪向装置组网口发送报文时，应拔出装置组网口光纤，直接与测试仪连接，不应用测试仪通过运行的过程层网络向装置发送报文，以防止误跳运行设备 |
| 4 | 防设备损坏 | 检修、施工过程中，保护或控制等的操作造成一次设备损坏 | 保护或监控调试时应断开与一次设备的控制回路，传动一次设备时必须与相关负责人员确认设备可被操作 |
| | | 工作中恢复接线错误，造成设备不正常工作 | 施工过程中拆接回路线，要有书面记录，恢复接线正确，严禁改动回路接线 |
| | | 工作中短接端子造成运行设备误跳闸或工作异常 | 短接端子时应仔细核对屏号、端子号，严禁在有红色标记的端子上进行任何工作 |
| | | 工作中试验电源与试验仪器要求不符导致设备损坏 | 用万用表对试验电源进行检查，确认电源电压等级和电源类型无误后，由继电保护人员接取，应采用带有漏电保护的电源盘并在使用前测试剩余电流动作保护装置是否正常 |
| 5 | 其他 | | 工作前，必须具备与现场设备一致的图纸 |
| | | | 禁止带电插、拔插件 |

## A.5　单体调试

### A.5.1　电源和外观检查

#### A.5.1.1　电源检查（见表 A.5）

表 A.5　　　　　　　　　　单体调试电源检查项目及方法

| 序号 | 检查项目 | 检查方法 |
|---|---|---|
| 1 | 屏柜直流电源检查 | （1）万用表检查装置直流电源输入应满足装置要求，检查电源空气开关对应正确。<br>（2）推上合并单元装置电源空气开关，打开装置上电源开关，装置应正常启动，内部电压输出正常 |
| 2 | 装置电源自启动试验 | 将装置电源换上试验直流电源，且试验直流电源由零缓调至 80% 额定电源值，装置应正常启动，"装置失电"告警硬接点由闭合变为打开 |
| 3 | 装置工作电源在 80%～110% 额定电压间波动 | 装置稳定工作，无异常 |
| 4 | 装置电源拉合试验 | （1）在 80% 额定电源下拉合三次装置电源开关，逆变电源可靠启动，装置除因失电引起的装置故障告警信号外，不误发信号。<br>（2）装置上电后应能正常启动，运行指示灯应正确，无异常告警。<br>（3）装置掉电瞬间，装置不应误发异常数据 |
| 5 | 装置上电检查 | 装置上电运行后，自检正常，操作无异常，面板的 LED 灯显示正常 |

#### A.5.1.2　装置外观检查（见表 A.6）

表 A.6　　　　　　　　　　装置外观检查项目及方法

| 检查项目 | 检查方法 |
|---|---|
| 屏柜及装置外观检查 | （1）检查屏柜内螺丝是否有松动，是否有机械损伤，是否有烧伤现象；电源开关、空气开关、按钮是否良好；检修硬压板接触是否良好。<br>（2）检查装置接地端子是否可靠接地，接地线是否符合要求。<br>（3）检查屏柜内电缆是否排列整齐，是否固定牢固，标识是否齐全正确；交直流导线是否有混扎现象。<br>（4）检查屏柜内光缆是否整齐，光缆的弯曲半径是否符合要求；光纤连接是否正确、牢固，是否存在虚接，光纤有无损坏、弯折、挤压、拉扯现象；光纤标识牌是否正确，备用光纤接口或备用光纤是否有完好的护套。<br>（5）检查屏柜内各个独立装置、继电器、切换把手和压板标识是否正确齐全，且外观无明显损坏。<br>（6）检查柜内通风、除湿系统是否完好，柜内环境温度、湿度是否满足设备稳定运行要求 |

### A.5.2 绝缘检查❶❷

按照 DL/T 995—2006 中 6.2.4 和 6.3.3 的要求，采用以下方法进行绝缘检查：

a）新安装时对装置的外引带电回路部分和外露非带电金属部分及外壳之间，以及电气上无联系的各回路之间，用 500V 绝缘电阻表测量其绝缘电阻值应大于 20MΩ。

b）新安装时对二次回路使用 1000V 绝缘电阻表测量各端子之间的绝缘电阻，绝缘电阻值应大于 10MΩ。

c）对二次回路使用 1000V 绝缘电阻表测量各端子对地的绝缘电阻，新安装时绝缘电阻应大于 10MΩ，定期检验时绝缘电阻应大于 1MΩ。

### A.5.3 配置文件检查

#### A.5.3.1 配置文件版本及 SCD 虚端子检查

a）检查 SCD 文件头部分（header）的版本号（version）、修订号（revision）和修订历史（history）确认 SCD 文件的版本是否正确。

b）采用 SCD 工具检查本装置的虚端子连接与设计虚端子图是否一致。

#### A.5.3.2 装置配置文件一致性检测

a）检查待调试装置和与待调试装置有虚回路连接的其他装置是否已根据 SCD 文件正确下装配置。

b）采用光数字万用表接入待调试装置各 GOOSE 接口，解析其输出 GOOSE 报文的 MAC 地址、APPID、GOID、数据通道等参数是否与 SCD 文件中一致；光数字万用表模拟发送 GOOSE 报文，检查待调试装置是否正常接收。

c）检查待调试装置下装的配置文件中 GOOSE 的接收、发送配置与装置背板端口的对应关系与设计图纸是否一致。

### A.5.4 光纤链路检查

#### A.5.4.1 发送光功率检验

将光功率计用一根尾纤（衰耗小于 0.5dB）接至合并单元的发送端口（Tx），读取光功率值（dB）即为该接口的发送光功率。要求合并单元数据光口发送功率不小于−23dB。

---

❶ 绝缘电阻摇测前必须断开关、直流电源；摇测结束后应立即放电，恢复接线。

❷ 检查结果记录于调试报告。

#### A.5.4.2　接收光功率检验

将合并单元接收端口（Rx）上的光纤拔下，接至光功率计，读取光功率值（dB）即为该接口的接收光功率。

接收端口的接收光功率减去其标称的接收灵敏度即为该端口的光功率裕度，装置端口接收功率裕度不应低于3dB。

#### A.5.4.3　光纤连接检查

a）检查合并单元光口和与之光纤连接的各装置光口之间的光路连接是否正确，通过依次拔掉各根光纤观察装置的断链信息来检查各端口的SV/GOOSE配置是否与设计图纸一致。

b）将合并单元和与之光纤连接的各装置SV/GOOSE接收压板投入，检修压板退出，检查合并单元无SV或GOOSE链路告警信息。

### A.5.5　GOOSE开入/开出检查❶

#### A.5.5.1　GOOSE开入检查

a）母联断路器位置开入检查（仅母线TV合并单元）。若一次设备具备传动条件，可实际分合母联断路器，观察装置的开入状态是否正确；若一次设备不具备传动条件，可用数字式继电保护测试仪模拟断路器变位。

b）各间隔隔离开关位置开入检查。若一次设备具备传动条件，可实际分合各间隔隔离开关，观察装置的开入状态是否正确；若一次设备不具备传动条件，可用数字式继电保护测试仪模拟隔离开关变位。

#### A.5.5.2　GOOSE开出检查

用报文分析仪检查合并单元的状态报文输出是否正常，通过模拟故障使合并单元输出GOOSE报文中某一变量变位，从报文分析中观察变位报文输出是否正确。

### A.5.6　采样值特性检验

#### A.5.6.1　零漂检验

a）电压零漂检验。将合并单元上电并与相关保护/测控装置正确连接，观察5min内合并单元的电压零漂采样值稳定在±0.05V以内。

b）电流零漂检验。将合并单元上电并与相关保护/测控装置正确连接，观察5min内合并单元的电流零漂采样值稳定在±0.05A以内。

---

❶　检查结果记录于调试报告。

**A.5.6.2 幅值与相位特性检验**

a）电压幅值与相位特性检验。通过继电保护测试仪对合并单元的三相电压输入口分别加量 40V、50V 和 60V，相位为正序。观察装置中采样是否正确，要求各通道对应关系正确。

b）电流幅值与相位特性检验。通过继电保护测试仪对合并单元的三相电流输入口分别加量 $60\%I_N$、$80\%I_N$ 和 $100\%I_N$，相位为正序。观察装置中采样是否正确，要求各通道对应关系正确。

**A.5.6.3 准确度测试**

a）电压通道准确度测试。用标准三相交流信号源给待测合并单元按额定电压的 5%、80%、100%、120% 加入电压量，将模拟电压量和待测合并单元的 SV 输出同步接入合并单元测试仪，记录每一个电压通道的比值差和角差，误差特性应满足合并单元基本误差等级指标的要求。

b）电流通道准确度测试。用标准三相交流信号源给待测合并单元按额定电流的 5%、20%、100%、120% 加入电流量，将模拟电流量和待测合并单元的 SV 输出同步接入合并单元测试仪，记录每一个电流通道的比值差和角差，误差特性应满足合并单元基本误差等级指标的要求。

## A.5.7 同步采样性能测试

**A.5.7.1 电压、电流模拟量相位差测试**

用标准三相交流信号源给间隔合并单元加入单相额定电压和单相额定电流，相位差设定为 0°。将间隔合并单元输出接至合并单元测试仪，检查间隔电压、电流间的相位差用于测量和保护的不超过 0.3°，用于 PMU 的不超过 0.1°。

**A.5.7.2 电压数字量与电压、电流模拟量相位差测试**

用标准三相交流信号源给间隔合并单元加入单相额定电压和单相额定电流，同时对母线合并单元施加单相额定电压，各模拟量之间相位差均设定为 0°。将母线合并单元与间隔合并单元级联，并将级联后的间隔合并单元输出接至合并单元测试仪，检查间隔电压、电流间的相位差用于测量和保护的不超过 0.3°，用于 PMU 的不超过 0.1°。

## A.5.8 对时性能测试

**A.5.8.1 对时误差测试**

将标准时钟源给合并单元授时，待合并单元对时稳定。用时间测试仪以每秒测量 1 次的频率测量合并单元和标准时钟源各自输出的 1PPS 信号有效沿之间的时间差的绝对值 $\Delta f$，连续测量 1min，这段时间内测得的 $\Delta f$ 的最大值即为最终测试结果，要求误差不超过 $1\mu s$。

**A.5.8.2　对时异常及恢复测试**

将标准时钟源给合并单元授时，待合并单元对时稳定。断开标准时钟源对时信号，检测合并单元是否发出对时异常报警信号。然后输出正常对时信号，检测是否发出恢复信号。要求合并单元能不受对时异常干扰并按正确的采样周期发送报文。

**A.5.8.3　报文抖动误差测试**

用合并单元测试仪记录接收到的合并单元每包采样值报文的时刻，并计算出连续两包之间的间隔时间。持续统计 10min 内间隔时间与额定采样间隔之间的差值应小于 $10\mu s$。

## A.5.9　通道延时测试

**A.5.9.1　电压通道采样延时测试**

将合并单元输出与继电保护测试仪输出同时接至合并单元测试仪，用继电保护测试仪给待测合并单元突加电压量，测量合并单元电压通道的采样转换时间，要求不超过 2ms。将测量的实际延时与 SV 帧携带的迟延时间常数进行比较，要求采样迟延偏差小于 $5\mu s$。对电压级联情况下的通道采样延时要求与上面一致。

**A.5.9.2　电流通道采样延时测试**

将合并单元输出与继电保护测试仪输出同时接至合并单元测试仪，用继电保护测试仪给待测合并单元突加电流量，测量合并单元电流通道的采样转换时间，要求不超过 2ms。将测量的实际延时与 SV 帧携带的迟延时间常数进行比较，要求采样迟延偏差小于 $5\mu s$。

## A.5.10　电压切换/并列功能检查

**A.5.10.1　电压切换功能检查**

在母线电压 MU 上分别施加 50V 和 60V 两段母线电压，母线电压 MU 与间隔 MU 级联。模拟Ⅰ母和Ⅱ母隔离开关位置，按照间隔 MU 电压切换逻辑表依次变换信号，在光数字万用表上观察间隔 MU 输出的 SV 报文中母线电压通道的实际值，并依此判断切换逻辑。并观察在隔离开关为同分或者同合的情况下，间隔 MU 的告警情况。各运行方式下的母线电压输出及检查结果见表 A.7。

表 A. 7                         各运行方式下的母线电压输出及检查结果

| 序号 | Ⅰ母隔离开关 | | Ⅱ母隔离开关 | | 母线电压输出 | 检查结果 |
| | 合 | 分 | 合 | 分 | | |
|---|---|---|---|---|---|---|
| 1 | 0 | 0 | 0 | 0 | 保持 | 延时 1min 以上报警"隔离开关位置异常" |
| 2 | 0 | 0 | 0 | 1 | 保持 | |
| 3 | 0 | 0 | 1 | 1 | 保持 | |
| 4 | 0 | 1 | 0 | 0 | 保持 | |
| 5 | 0 | 1 | 1 | 1 | 保持 | |
| 6 | 0 | 1 | 1 | 0 | Ⅱ母电压 | — |
| 7 | 0 | 1 | 1 | 0 | Ⅱ母电压 | |
| 8 | 1 | 0 | 0 | 0 | Ⅰ母电压 | 报警"同时动作" |
| 9 | 0 | 1 | 0 | 1 | 电压输出为 0,状态有效 | 报警"同时返回" |
| 10 | 1 | 0 | 0 | 1 | Ⅰ母电压 | — |
| 11 | 1 | 1 | 1 | 0 | Ⅱ母电压 | 延时 1min 以上报警"隔离开关位置异常" |
| 12 | 1 | 0 | 1 | 0 | Ⅰ母电压 | |
| 13 | 1 | 0 | 1 | 1 | Ⅰ母电压 | |
| 14 | 1 | 1 | 0 | 0 | 保持 | |
| 15 | 1 | 1 | 0 | 1 | 保持 | |
| 16 | 1 | 1 | 1 | 1 | 保持 | |

**注** 1. 母线电压输出为"保持",表示间合并单元保持之前隔离开关位置正常时切换选择的Ⅰ母或Ⅱ母的母线电压,母线电压数据品质应为有效。

2. 间隔合并单元上电后,未收到隔离开关位置信息时,输出的母线电压带"无效"品质;上电后收到的初始隔离开关位置与上表中"母线电压输出"为"保持"的隔离开关位置一致时,输出的母线电压带"无效"品质。

### A. 5. 10. 2  电压并列功能检查

模拟母联开关位置信号,分别切换母线合并单元把手至"Ⅰ母强制用Ⅱ母"或"Ⅱ母强制用Ⅰ母"状态,并置并列或解列状态(如果装置支持),在光数字万用表上观察母线电压 MU 输出的Ⅰ母和Ⅱ母电压,并依此判断并列逻辑。不同状态下电压并列功能后的输出电压见表 A. 8。

表 A. 8                         不同状态下电压并列功能后的输出电压

| 并列把手位置 | | 母联开关位置 | Ⅰ母电压输出 | Ⅱ母电压输出 |
| Ⅰ母强制用Ⅱ母 | Ⅱ母强制用Ⅰ母 | | | |
|---|---|---|---|---|
| 0 | 0 | X | Ⅰ母电压 | Ⅱ母电压 |

| 并列把手位置 | | 母联开关位置 | Ⅰ母电压输出 | Ⅱ母电压输出 |
|---|---|---|---|---|
| Ⅰ母强制用Ⅱ母 | Ⅱ母强制用Ⅰ母 | | | |
| 0 | 1 | 合位 | Ⅰ母电压 | Ⅰ母电压 |
| 0 | 1 | 分位 | Ⅰ母电压 | Ⅱ母电压 |
| 0 | 1 | 00 或 11（无效位） | 保持 | 保持 |
| 1 | 0 | 合位 | Ⅱ母电压 | Ⅱ母电压 |
| 1 | 0 | 分位 | Ⅰ母电压 | Ⅱ母电压 |
| 1 | 0 | 00 或 11（无效位） | 保持 | 保持 |
| 1 | 1 | 合位 | 保持 | 保持 |
| 1 | 1 | 分位 | Ⅰ母电压 | Ⅱ母电压 |
| 1 | 1 | 00 或 11（无效位） | 保持 | 保持 |

**注** X表示无论母联开关处于任何位置。

## A.5.11 检修压板闭锁功能检查

### A.5.11.1 检修标志置位功能检查

将合并单元检修压板投入，检查合并单元输出的 SV 报文中的"TEST"值应为 1。再将合并单元检修压板退出，检查合并单元输出的 SV 报文中的"TEST"值应为 0。当合并单元检修压板投入，而 GOOSE 链路对端装置的检修压板退出时该 GOOSE 链路告警。

### A.5.11.2 GOOSE 报文处理机制检查

分别修改 GOOSE 报文中隔离开关位置的检修位和合并单元检修压板状态，检查合并单元对 GOOSE 检修报文处理是否正确。当检修状态一致时，合并单元将 GOOSE 隔离开关位置视为有效，当检修状态不一致时，合并单元将 GOOSE 隔离开关位置视为无效。

## A.5.12 异常告警功能检查

### A.5.12.1 电源中断告警

断开合并单元直流电源，检查装置告警硬接点应接通。

### A.5.12.2 电压异常告警

断开母线电压合并单元至间隔合并单元光纤，检查间隔合并单元应发告警信息。

**A. 5. 12. 3　装置异常告警**

检查装置插件故障时应有告警信号（通信板、CPU 等）。

**A. 5. 12. 4　GOOSE 异常告警**

断开间隔合并单元组网口光纤，检查间隔合并单元应发 GOOSE 异常告警信息；恢复对应光纤，GOOSE 异常告警复归。

## A. 6　联调试验

### A. 6. 1　与保护装置的联调试验

从合并单元加量，相关保护装置的采样应正确。拔掉合并单元至保护装置的直采口，保护装置应告警并闭锁相应的保护功能。

### A. 6. 2　与测控及监控后台的联调试验

从合并单元加量，检查测控及后台采样应正确，模拟合并单元的各种异常状态，检查测控的 GOOSE 开入及后台报文应正确。

## A. 7　送电试验

在送电试验时，应核对合并单元送至各保护、测控装置各路电压、电流的幅值、相位等参数与实际负荷状况相符，合并单元没有误发信号，运行环境温度在允许范围内。

## A. 8　竣工（见表 A. 9）

表 A. 9　　　　　　　　　　　竣 工 内 容

| 序号 | 内容 |
|---|---|
| 1 | 全部工作完毕，拆除所有试验接线（先拆电源侧） |
| 2 | 仪器仪表及图纸资料归位 |
| 3 | 全体工作人周密检查施工现场、整理现场，清点工具及回收材料 |
| 4 | 状态检查，严防遗漏项目 |
| 5 | 工作负责人在检修记录上详细记录本次工作所修项目、发现的问题、试验结果和存在的问题等 |
| 6 | 经值班员验收合格，并在验收记录卡上各方签字后 |

## A.9 合并单元调试报告

### A.9.1 基本信息

#### A.9.1.1 装置基本信息（见表 A.10）

表 A.10 装 置 基 本 信 息

| 序号 | 项目 | 内容 | 是否为国家电网公司标准版本 | |
|---|---|---|---|---|
| 1 | 装置型号 | | □是 | □否 |
| 2 | 生产厂家 | | | |
| 3 | 设备唯一编码 | | □是 | □否 |
| 4 | 程序版本 | | □是 | □否 |
| 5 | 程序校验码 | | | |
| 6 | 程序生成时间 | | | |
| 7 | ICD 版本 | | □是 | □否 |
| 8 | ICD 校验码 | | | |
| 9 | ICD 生成时间 | | | |
| 10 | SCD 版本 | | □是 | □否 |
| 11 | SCD 校验码 | | | |
| 12 | 通信程序版本 | | □是 | □否 |
| 13 | 通信程序校验码 | | | |
| 14 | 通信程序生成时间 | | | |

#### A.9.1.2 仪器设备基本信息（见表 A.11）

表 A.11 仪 器 设 备 基 本 信 息

| 仪器名称 | 型号 | 铭牌编号 | 证书号 | 有效期 |
|---|---|---|---|---|
| | | | | |
| | | | | |
| | | | | |
| | | | | |
| | | | | |
| | | | | |
| | | | | |

### A. 9. 2 通用检查

#### A. 9. 2. 1 电源检查（见表 A. 12）

表 A. 12　　　　　　　　　电 源 检 查 项 目

| 序号 | 项目 | 检查结果 | 要求 |
|---|---|---|---|
| 1 | 屏柜输入直流电源幅值 | | DC 110V 或 220V |
| 2 | 正常电源装置启动情况 | | 正常启动 |
| 3 | 80%电源装置启动情况 | | |
| 4 | 110%电源装置启动情况 | | |
| 5 | 80%电源拉合三次，装置工作情况 | | 正常工作 |
| 6 | 掉电瞬间，装置输出情况 | | 不误发异常数据 |
| 7 | 装置上电自检情况 | | 自检正常，IED指示灯正常 |

结论：＿＿＿＿＿＿

#### A. 9. 2. 2 屏柜及装置外观检查（见表 A. 13）

表 A. 13　　　　　　　　屏柜及装置外观检查项目

| 序号 | 项目 | 检查结果 | 要求 |
|---|---|---|---|
| 1 | 接线是否可靠 | | 所有端子接线可靠、标识明确、布局合理，接地端子接地可靠 |
| 2 | 接地端子是否可靠接地 | | |
| 3 | 检修压板是否良好 | | |
| 4 | 标识是否明晰 | | |
| 5 | 光纤连接是符合要求 | | |
| 6 | 电缆布线、接线是否可靠 | | |

结论：＿＿＿＿＿＿

#### A. 9. 2. 3 绝缘电阻检查（见表 A. 14）

表 A. 14　　　　　　　　绝 缘 电 阻 检 查 项 目

| 序号 | 项目 | 绝缘电阻（MΩ） | 要求 |
|---|---|---|---|
| 1 | 装置回路之间 | | 仅新安装时进行，要求大于20MΩ |
| 2 | 装置回路对地 | | |
| 3 | 二次回路之间 | | 仅新安装时进行，要求大于10MΩ |
| 4 | 二次回路对地 | | 新安装时大于10MΩ，定检时大于1MΩ |

结论：＿＿＿＿＿＿

**A.9.2.4** 配置文件检查

**A.9.2.4.1** 配置文件版本及 SCD 虚端子检查（见表 A.15）

表 A.15　　　　　　　　配置文件版本及 SCD 虚端子检查项目

| 序号 | 项目 | 检查结果 | 要求及指标 |
|---|---|---|---|
| 1 | SCD 文件检查 | | 虚端子连线正确，与设计虚端子图相符 |
| 2 | 虚端子对应关系检查 | | 检查 SCD 文件虚端子连接关系与设计图纸是否一致 |

结论：_____

**A.9.2.4.2** 装置配置文件一致性检查（见表 A.16）

表 A.16　　　　　　　　装置配置文件一致性检查项目

| 序号 | 项目 | 检查结果 | 要求 |
|---|---|---|---|
| 1 | A 网 IP 地址 | | |
| 2 | B 网 IP 地址 | | |
| 3 | GOCB 数量 | | |
| 4 | GOOSE MAC 地址 | | 与 SCD 配置文件一致 |
| 5 | GOOSE APPID | | |
| 6 | GOID | | |
| 7 | GOOSE 通道数量 | | |

结论：_____

**A.9.2.5** 光纤链路检查（见表 A.17）

表 A.17　　　　　　　　光 纤 链 路 检 查 项 目

| 序号 | 项目 | 检查结果 | 要求 |
|---|---|---|---|
| 1 | 光口发送功率 | | |
| 2 | 光口接收功率 | | 光口发送功率不小于−23dB；光功率裕度不应低于 3dB |
| 3 | 光功率裕度 | | |
| 4 | 光纤连接检查 | | |

结论：_____

**A.9.2.6** GOOSE 开入/开出检查（见表 A.18）

表 A.18　　　　　　　　GOOSE 开入/开出检查项目

| 序号 | 项目 | 检查结果 | 要求 |
|---|---|---|---|
| 1 | GOOSE 开入检查 | | |
| 2 | GOOSE 开出检查 | | GOOSE 开入/开出正确率 100%，报文符合 DL/T 860 的要求 |
| 3 | GOOSE 报文检查 | | |

结论：_____

### A.9.3 采样值特性检验

#### A.9.3.1 零漂检验（见表 A.19）

表 A.19 　　　　　　　　零 漂 检 验 项 目

| 序号 | 项目 | 检查结果 | 要求 |
|------|------|---------|------|
| 1 | 电压零漂检查 | | 电压零漂在±0.05V 以内；电流零漂在±0.05A 以内 |
| 2 | 电流零漂检查 | | |

结论：_____

#### A.9.3.2 幅值与相位特性检验（见表 A.20）

表 A.20 　　　　　　　　幅值与相位特性检验项目

| 序号 | 项目 | | 标准值 | 采样值 | 要求 |
|------|------|------|-------|-------|------|
| 1 | 电压幅值及相位特性检查 | A 相 | $40V\angle 0°$ | | 采样正确，各通道对应关系正确 |
| | | B 相 | $50V\angle -120°$ | | |
| | | C 相 | $60V\angle 120°$ | | |
| 2 | 电流幅值及相位特性检查 | A 相 | $0.6I_N\angle 0°$ | | |
| | | B 相 | $0.8I_N\angle -120°$ | | |
| | | C 相 | $I_N\angle 120°$ | | |

结论：_____

#### A.9.3.3 电压通道准确度测试（见表 A.21）

表 A.21 　　　　　　　　电压通道准确度测试

| 序号 | 相别 | 误差 | 额定电压百分比 | | | |
|------|------|------|------|------|------|------|
| | | | 5% | 80% | 100% | 120% |
| 1 | A | 比差（%） | | | | |
| | | 角差（'） | | | | |
| 2 | B | 比差（%） | | | | |
| | | 角差（'） | | | | |
| 3 | C | 比差（%） | | | | |
| | | 角差（'） | | | | |

结论：_____

### A.9.3.4　电流通道准确度测试（见表 A.22）

表 A.22　　　　　　　　　　　　电流通道准确度测试

| 序号 | 相别 | 误差 | 额定电流百分比 | | | |
|------|------|------|------|------|------|------|
| | | | 5% | 20% | 100% | 120% |
| 1 | A | 比差（%） | | | | |
| | | 角差（'） | | | | |
| 2 | B | 比差（%） | | | | |
| | | 角差（'） | | | | |
| 3 | C | 比差（%） | | | | |
| | | 角差（'） | | | | |

结论：_____

### A.9.3.5　采样同步精度测试（见表 A.23）

表 A.23　　　　　　　　　　　采样同步精度测试项目

| 序号 | 项目 | | 测试结果 |
|------|------|------|------|
| 1 | 电压、电流模拟量相位差 | A 相 | |
| | | B 相 | |
| | | C 相 | |
| 2 | 电压数字量与电压模拟量相位差 | A 相 | |
| | | B 相 | |
| | | C 相 | |
| 3 | 电压数字量与电流模拟量相位差 | A 相 | |
| | | B 相 | |
| | | C 相 | |

结论：_____

### A.9.3.6　对时性能测试（见表 A.24）

表 A.24　　　　　　　　　　　对 时 性 能 测 试 项 目

| 序号 | 项目 | 测试结果 | 要求 |
|------|------|------|------|
| 1 | 对时误差测试 | | 对时误差不超过 $1\mu s$，报文抖动误差不超过 $10\mu s$ |
| 2 | 对时异常及恢复测试 | | |
| 3 | 报文抖动误差测试 | | |

结论：_____

**A.9.3.7** 通道延时测试（见表 A.25）

表 A.25 通道延时测试项目

| 序号 | 项目 | 测试结果 |
|---|---|---|
| 1 | 电压通道采样转换时间 | |
| 2 | 电压通道采样迟延偏差 | |
| 3 | 电流通道采样转换时间 | |
| 4 | 电流通道采样迟延偏差 | |

结论：_____

## A.9.4 电压切换/并列功能检查

**A.9.4.1** 电压切换功能检查（见表 A.26）

表 A.26 电压切换功能检查

| 序号 | Ⅰ母隔离开关 | | Ⅱ母隔离开关 | | 母线电压输出 | 检查结果 | 要求 |
|---|---|---|---|---|---|---|---|
| | 合 | 分 | 合 | 分 | | | |
| 1 | 0 | 0 | 0 | 0 | 保持 | | |
| 2 | 0 | 0 | 0 | 1 | 保持 | | |
| 3 | 0 | 0 | 1 | 1 | 保持 | | 延时 1min 以上报警"隔离开关位置异常" |
| 4 | 0 | 1 | 0 | 0 | 保持 | | |
| 5 | 0 | 1 | 1 | 1 | 保持 | | |
| 6 | 0 | 0 | 1 | 0 | Ⅱ母电压 | | |
| 7 | 0 | 1 | 1 | 0 | Ⅱ母电压 | | — |
| 8 | 1 | 0 | 1 | 0 | Ⅰ母电压 | | 报警"同时动作" |
| 9 | 0 | 1 | 0 | 1 | 电压输出为 0，状态有效 | | 报警"同时返回" |
| 10 | 1 | 0 | 0 | 1 | Ⅰ母电压 | | — |
| 11 | 1 | 1 | 1 | 0 | Ⅱ母电压 | | |
| 12 | 1 | 0 | 0 | 0 | Ⅰ母电压 | | |
| 13 | 1 | 0 | 1 | 1 | Ⅰ母电压 | | 延时 1min 以上报警"隔离开关位置异常" |
| 14 | 1 | 1 | 0 | 0 | 保持 | | |
| 15 | 1 | 1 | 0 | 1 | 保持 | | |
| 16 | 1 | 1 | 1 | 1 | 保持 | | |

**A.9.4.2** 电压并列功能检查（见表 A.27）

表 A.27 电压并列功能检查

| 并列把手位置 | | 母联开关位置 | Ⅰ母电压输出 | 检查结果 | Ⅱ母电压输出 | 检查结果 |
|---|---|---|---|---|---|---|
| Ⅰ母强制用Ⅱ母 | Ⅱ母强制用Ⅰ母 | | | | | |
| 0 | 0 | X | Ⅰ母电压 | | Ⅱ母电压 | |
| 0 | 1 | 合位 | Ⅰ母电压 | | Ⅰ母电压 | |

续表

| 并列把手位置 | | 母联开关位置 | Ⅰ母电压输出 | 检查结果 | Ⅱ母电压输出 | 检查结果 |
|---|---|---|---|---|---|---|
| Ⅰ母强制用Ⅱ母 | Ⅱ母强制用Ⅰ母 | | | | | |
| 0 | 1 | 分位 | Ⅰ母电压 | | Ⅱ母电压 | |
| 0 | 1 | 00 或 11（无效位） | 保持 | | 保持 | |
| 1 | 0 | 合位 | Ⅱ母电压 | | Ⅱ母电压 | |
| 1 | 0 | 分位 | Ⅰ母电压 | | Ⅱ母电压 | |
| 1 | 0 | 00 或 11（无效位） | 保持 | | 保持 | |
| 1 | 1 | 合位 | 保持 | | 保持 | |
| 1 | 1 | 分位 | Ⅰ母电压 | | Ⅱ母电压 | |
| 1 | 1 | 00 或 11（无效位） | 保持 | | 保持 | |

结论：_____

### A.9.5　检修压板闭锁功能检查（见表 A.28）

表 A.28　　　　　　检修压板闭锁功能检查项目

| 序号 | 项目 | 检查结果 |
|---|---|---|
| 1 | 检修标志置位功能检查 | |
| 2 | GOOSE 报文处理机制检查 | |

结论：_____

### A.9.6　异常告警功能检查（见表 A.29）

表 A.29　　　　　　异 常 告 警 功 能 检 查

| 序号 | 项目 | 检查结果 |
|---|---|---|
| 1 | 电源中断告警功能检查 | |
| 2 | 电压异常告警功能检查 | |
| 3 | 装置异常告警功能检查 | |
| 4 | GOOSE 异常告警功能检查 | |

结论：_____

### A.9.7　联调试验（见表 A.30）

表 A.30　　　　　　联 调 试 验 项 目

| 序号 | 项目 | 检查结果 |
|---|---|---|
| 1 | 与保护装置的联调试验 | |
| 2 | 与测控及监控后台的联调试验 | |

结论：_____

## A. 9. 8 送电试验（见表 A. 31）

表 A. 31 送 电 试 验 项 目

| 序号 | 项目 | | 幅值 | 相位 | 要求 |
|---|---|---|---|---|---|
| 1 | 电压实际采样值 | A 相 | | | 与实际潮流一致 |
| | | B 相 | | | |
| | | C 相 | | | |
| 2 | 电流实际采样值 | A 相 | | | |
| | | B 相 | | | |
| | | C 相 | | | |
| 3 | 智能终端运行状态 | | | | 没有误发信号 |

# 附录 B　智能变电站智能终端调试作业指导书

## B.1　应用范围

本指导书适用于智能变电站智能终端的现场调试工作，规定了现场调试的准备、调试流程、调试方法和标准及调试报告等要求。

## B.2　引用文件

下列标准及技术资料所包含的条文，通过在本作业指导书中的引用，而构成本作业指导书的条文。所有标准及技术资料都会被修订，使用作业指导书的各方应探讨使用标准及技术资料最新版本的可能性。

GB/T 5147　电力系统安全自动装置设计技术规定

GB/T 14285　继电保护和安全自动装置技术规程

DL/T 478　继电保护和安全自动装置通用技术条件

DL/T 587　微机继电保护装置运行管理规程

DL/T 782　110kV 及以上送变电工程启动及竣工验收规程

DL/T 995　继电保护和电网安全自动装置检验规程

Q/GDW 161　线路保护及辅助装置标准化设计规范

Q/GDW 175　变压器、高压并联电抗器和母线保护及辅助装置标准化设计规范

Q/GDW 267　继电保护和电网安全自动装置现场工作保安规定

Q/GDW 396　IEC 61850 工程继电保护应用模型

Q/GDW 414　变电站智能化改造技术规范

Q/GDW 428　智能变电站智能终端技术规范

Q/GDW 431　智能变电站自动化系统现场调试导则

Q/GDW 441　智能变电站继电保护技术规范

Q/GDW 689 智能变电站调试规范

Q/GDW 1799.1 国家电网公司电力安全工作规程 变电部分

## B.3 调试流程

根据调试设备的结构、校验工艺及作业环境，将智能变电站智能终端调试作业的全过程划分为以下 4 个校验步骤顺序，如图 B.1 所示。

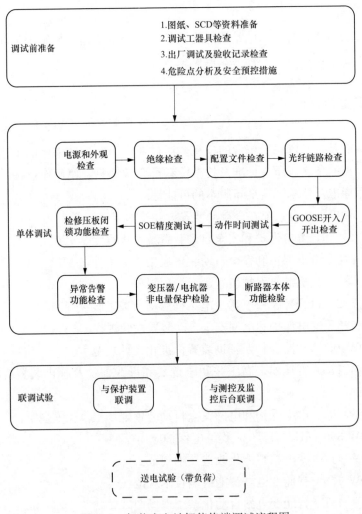

图 B.1 智能变电站智能终端调试流程图

## B.4 调试前准备

### B.4.1 准备工作安排（见表B.1）

**表B.1** 准 备 工 作 安 排

| 序号 | 内容 | 标准 |
|---|---|---|
| 1 | 调试工作前提前2～3天做好摸底工作，结合现场施工情况制定本次工作的调试方案以及安全措施、技术措施、组织措施，并经正常流程审批 | （1）摸底工作包括检查现场的调试环境，试验电源供电情况，智能终端的安装情况，光纤铺设情况等。<br>（2）调试方案应细致合理，符合现场实际，能够指导调试工作 |
| 2 | 根据调试计划，组织作业人员学习作业指导书，使全体作业人员熟悉作业内容、危险源点、安全措施、进度要求、作业标准、安全注意事项 | 要求所有工作人员都明确本次校验工作的内容、进度要求、作业标准及安全注意事项 |
| 3 | 如果是在运行站工作或站内部分带电运行，提前办理工作票，并经运行单位许可；开工前需制定专门的二次安全措施票 | （1）工作票应按《电业安全工作规程》相关部分执行。<br>（2）二次安全措施票中所要求的安全措施应能有效地将工作范围与运行二次回路隔离 |
| 4 | 准备SCD文件、待调试装置ICD文件、二次接线图、光纤联系图、虚端子表、交换机配置表、设备出厂调试报告、装置技术说明书、装置厂家调试大纲 | 材料应齐全，图纸及资料应符合现场实际情况 |
| 5 | 检查系统厂内集成测试记录及出厂验收记录 | 系统配置文件SCD正确，系统出厂前经相关部门验收合格 |
| 6 | 检查调试所需仪器仪表、工器具 | 仪器仪表、工器具应试验合格，满足本次作业的要求 |
| 7 | 开工前与现场安装、施工人员做好交底工作 | 了解智能终端等设备的具体情况和现场可开展试验情况，告知其他工作人员安全风险点及危险区域 |
| 8 | 检查试验电源 | 用万用表确认电源电压等级和电源类型无误，应采用带有漏电保护的电源盘，并在使用前测试剩余电流动作保护装置是否正常 |

### B.4.2 工作人员要求（见表B.2）

**表B.2** 工 作 人 员 要 求

| 序号 | 内容 |
|---|---|
| 1 | 现场工作人员应身体健康、精神状态良好，着装符合要求 |
| 2 | 工作人员必须具备必要的电气知识，掌握本专业作业技能，熟悉保护设备，掌握保护设备有关技术标准要求，持有保护调试职业资格证书；工作负责人必须持有本专业相关职业资格证书并经批准上岗 |

| 序号 | 内容 |
|---|---|
| 3 | 工作人员必须熟悉《国家电网公司电力安全工作规程》相关知识，并经考试合格 |
| 4 | 新参加电气工作的人员、实习人员和临时参加劳动的人员（管理人员、临时工等），应经过安全知识教育后，并经考试合格方可下现场参加指定的工作，并且不得单独工作 |

### B.4.3 试验仪器及材料（见表 B.3）

表 B.3 试验仪器及材料

| 序号 | 名称 | 型号及规格 | 数量 |
|---|---|---|---|
| 1 | 数字式继电保护测试仪 | 支持 4 路以上 9-2SV 输出、4 路以上 GOOSE 输入输出，支持对时功能 | 1 台 |
| 2 | 便携式报文分析仪 | 支持 GOOSE、SV、PTP、MMS 报文的在线分析和离线存储分析，有一定统计分析功能 | 1 台 |
| 3 | SOE 高精度测试仪 | 触发间隔 0.1～5.0ms，以 0.1ms 可调 | 1 台 |
| 4 | 绝缘电阻表 | 1000V/500V | 1 只 |
| 5 | 万用表 | | 1 只 |
| 6 | 光功率计 | 波长：1310/1550nm，范围：−40～10dB | 1 套 |
| 7 | 激光笔 | 红色 | 1 支 |
| 8 | 相关测试软件 | 包括 SCD 查看软件、报文分析软件、XML 语法校验软件、保护测试仪应用软件等 | 1 套 |
| 9 | 尾纤 | 根据装置背板光口类型和调试仪器输出光口类型选择尾纤类型 | 若干 |
| 10 | 试验直流电源 | 试验直流电源设备应可调，可调范围应满足 80%～120%$U_e$ | 1 台 |
| 11 | 其他设备 | 可根据现场需要确定 | |

### B.4.4 危险点分析与预防控制措施（见表 B.4）

表 B.4 危险点分析与预防控制措施

| 序号 | 防范类型 | 危险点 | 预控措施 |
|---|---|---|---|
| 1 | 人身触电 | 安全隔离 | 工作前应在危险区域设置明显的警示标识，带电设备外壳应可靠接地 |
| | | 接、拆低压电源 | 必须使用装有剩余电流动作保护装置的电源盘 |
| | | | 螺丝刀等工具金属裸露部分除刀口外包绝缘 |
| | | | 接、拆电源线时至少由两人执行，必须在电源开关拉开的情况下进行 |

续表

| 序号 | 防范类型 | 危险点 | 预控措施 |
|---|---|---|---|
| 2 | 机械伤害 | 落物打击 | 进入工作现场必须戴安全帽 |
| 3 | 防运行设备误动 | 如果是在运行站工作或站内部分带电运行，误发报文造成装置误动 | 工作负责人检查、核对试验接线正确，二次隔离措施到位并确认后，下令可以开始工作后，工作班方可开始工作 |
| | | | 测试中需要测试仪向装置组网口发送报文时，应拔出装置组网口光纤，直接与测试仪连接，不应用测试仪通过运行的过程层网络向装置发送报文，以防止误跳运行设备 |
| 4 | 防设备损坏 | 检修、施工过程中，保护或控制等的操作造成一次设备损坏 | 保护或监控调试时应断开与一次设备的控制回路，传动一次设备时必须与相关负责人员确认设备可被操作 |
| | | 工作中恢复接线错误，造成设备不正常工作 | 施工过程中拆回路线，要有书面记录，恢复接线正确，严禁改动回路接线 |
| | | 工作中误短拉端子造成运行设备误跳闸或工作异常 | 短接端子时应仔细核对屏号、端子号，严禁在有红色标记的端子上进行任何工作 |
| | | 工作中试验电源与试验仪器要求不符导致设备损坏 | 用万用表对试验电源进行检查，确认电源电压等级和电源类型无误后，由继电保护人员接取，应采用带有漏电保护的电源盘并在使用前测试剩余电流动作保护装置是否正常 |
| 5 | 其他 | | 工作前，必须具备与现场设备一致的图纸 |
| | | | 禁止带电插、拔插件 |

## B.5 单体调试

### B.5.1 电源和外观检查

#### B.5.1.1 电源检查（见表B.5）

表 B.5　　　　　单体调试电源检查项目

| 序号 | 检查项目 | 检查方法 |
|---|---|---|
| 1 | 屏柜直流电源检查 | （1）万用表检查装置直流电源输入应满足装置要求，检查电源空气开关对应正确。<br>（2）推上智能终端装置电源空气开关，打开装置上电源开关，装置应正常启动，内部电压输出正常 |

续表

| 序号 | 检查项目 | 检查方法 |
|---|---|---|
| 2 | 装置电源自启动试验 | 将装置电源换上试验直流电源，且试验直流电源由零缓调至80%额定电源值，装置应正常启动，"装置失电"告警硬接点由闭合变为打开 |
| 3 | 装置工作电源在80%～110%额定电压间波动 | 装置稳定工作，无异常 |
| 4 | 装置电源拉合试验 | （1）在80%额定电源下拉合三次装置电源开关，逆变电源可靠启动，装置除因失电引起的装置故障告警信号外，不误发信号。<br>（2）装置上电后应能正常启动，运行指示灯应正确，无异常告警。<br>（3）装置掉电瞬间，装置不应误发异常数据 |
| 5 | 装置上电检查 | 装置上电运行后，自检正常，操作无异常，面板的LED灯显示正常 |

**B.5.1.2** 装置外观检查（见表B.6）

表 B.6　　　　　　　　　　装置外观检查项目及方法

| 检查项目 | 检查方法 |
|---|---|
| 屏柜及装置外观检查 | （1）检查屏柜内螺丝是否有松动，是否有机械损伤，是否有烧伤现象；电源开关、空气开关、按钮是否良好；检修硬压板接触是否良好。<br>（2）检查装置接地端子是否可靠接地，接地线是否符合要求。<br>（3）检查屏柜内电缆是否排列整齐，是否固定牢固，标识是否齐全正确；交直流导线是否有混扎现象。<br>（4）检查屏柜内光缆是否整齐，光缆的弯曲半径是否符合要求；光纤连接是否正确、牢固，是否存在虚接，光纤有无损坏、弯折、挤压、拉扯现象；光纤标识牌是否正确，备用光纤接口或备用光纤是否有完好的护套。<br>（5）检查屏柜内个独立装置、继电器、切换把手和压板标识是否正确齐全，且外观无明显损坏。<br>（6）检查柜内通风、除湿系统是否完好，柜内环境温度、湿度是否满足设备稳定运行要求 |

**B.5.2** 绝缘检查❶

按照DL/T 995—2006中6.2.4和6.3.3的要求，采用以下方法进行绝缘检查：

a）新安装时对装置的外引带电回路部分和外露非带电金属部分及外壳之间，以及电气上无联系的各回路之间，用500V绝缘电阻表测量其绝缘电阻值应大于20MΩ。

b）新安装时对二次回路使用1000V绝缘电阻表测量各端子之间的绝缘电阻，绝缘电阻值应大于10MΩ。

---

❶ 绝缘电阻摇测前必须断交、直流电源；摇测结束后应立即放电，恢复接线。

c）对二次回路使用 1000V 绝缘电阻表测量各端子对地的绝缘电阻，新安装时绝缘电阻应大于 10MΩ，定期检验时绝缘电阻应大于 1MΩ。

## B.5.3　配置文件检查

### B.5.3.1　配置文件版本及 SCD 虚端子检查

a）检查 SCD 文件头部分（header）的版本号（version）、修订号（revision）和修订历史（history）确认 SCD 文件的版本是否正确。

b）采用 SCD 工具检查本装置的虚端子连接与设计虚端子图是否一致。

### B.5.3.2　装置配置文件一致性检测

a）检查待调试装置和与待调试装置有虚回路连接的其他装置是否已根据 SCD 文件正确下装配置。

b）采用光数字万用表接入待调试装置各 GOOSE 接口，解析其输出 GOOSE 报文的 MAC 地址、APPID、GOID、数据通道等参数是否与 SCD 文件中一致；光数字万用表模拟发送 GOOSE 报文，检查待调试装置是否正常接收。

c）检查待调试装置下装的配置文件中 GOOSE 的接收、发送配置与装置背板端口的对应关系与设计图纸是否一致。

## B.5.4　光纤链路检查

### B.5.4.1　发送光功率检验

将光功率计用一根尾纤（衰耗小于 0.5dB）接至智能终端的发送端口（Tx），读取光功率值（dB）即为该接口的发送光功率。要求光波长 1310nm，发送功率 −20～−14dB；光波长 850nm，发送功率 −19～−10dB。

### B.5.4.2　接收光功率检验

将智能终端接收端口（Rx）上的光纤拔下，接至光功率计，读取光功率值（dB）即为该接口的接收光功率。

接收端口的接收光功率减去其标称的接收灵敏度即为该端口的光功率裕度，装置端口接收功率裕度不应低于 3dB。

### B.5.4.3　光纤连接检查

a）检查合并单元光口和与之光纤连接的各装置光口之间的光路连接是否正确，通过依次拔掉各根光纤观察装置的断链信息来检查各端口的 GOOSE 配置是否与设计图纸一致。

b）将智能终端和与之光纤连接的各装置 GOOSE 接收压板投入，检修压板退出，检查智能终端无 GOOSE 链路告警信息。

### B.5.5 GOOSE 开入/开出检查

#### B.5.5.1 GOOSE 开入检查

根据智能终端的配置文件对数字化继电保护测试仪进行配置，将测试仪的GOOSE 输出连接到智能终端的输入口，智能终端的输出接点接至测试仪。启动测试仪，模拟某一 GOOSE 开关量变位，检查该 GOOSE 变量所对应的智能终端输出硬接点是否闭合，模拟该 GOOSE 开关量复归，检查对应的输出硬接点是否复归。用上述方法依次检查智能终端所有 GOOSE 开入与硬接点输出的对应关系全部正确。

#### B.5.5.2 GOOSE 开出检查

根据智能终端的配置文件对数字化继电保护测试仪进行配置，将测试仪的GOOSE 输入连接到智能终端的输出口，智能终端的输入接点接至测试仪。启动测试仪，模拟某一开关量硬接点闭合，检查该开关量所对应的智能终端输出GOOSE 变量是否变位，模拟该开关量硬接点复归，检查对应的智能终端输出GOOSE 变量是否复归。用上述方法依次检查智能终端所有硬接点输入与 GOOSE开出的对应关系全部正确。

#### B.5.5.3 GOOSE 报文检查

用报文分析仪检查智能终端的状态报文输出是否正常，通过模拟故障使智能终端输出 GOOSE 报文中某一变量变位，从报文分析中观察变位报文输出是否正确。

### B.5.6 动作时间测试

通过数字化继电保护测试仪对智能终端发跳合闸 GOOSE 报文，作为动作延时测试的起点，智能终端收到报文后发跳合闸命令送至测试仪，作为动作延时测试的终点，从测试仪发出跳合闸 GOOSE 报文，到测试仪接收到智能终端发出的跳合闸命令的时间差，即为智能终端的动作时间，测量 5 次，要求动作时间均不大于 7ms。

### B.5.7 SOE 精度测试

将 SOE 高精度测试仪与卫星信号同步，使测试仪按一定的时间间隔（小于0.5ms）对智能终端进行顺序触发，智能终端 SOE 时标应与测试仪控制输出时刻、时序一致，要求 SOE 时标误差小于 0.5ms，SOE 分辨率小于 1ms。

### B.5.8 检修压板闭锁功能检查

#### B.5.8.1 检修标志置位功能检查
将智能终端检修压板投入，检查智能终端输出的 GOOSE 报文中的"TEST"值应为 1。再将智能终端检修压板退出，检查智能终端输出的 GOOSE 报文中的"TEST"值应为 0。当智能终端检修压板投入，而 GOOSE 链路对端装置的检修压板退出时该 GOOSE 链路告警。

#### B.5.8.2 GOOSE 报文处理机制检查
分别修改 GOOSE 跳、合闸命令报文中的检修位和智能终端检修压板状态，检查智能终端对 GOOSE 检修报文处理是否正确。当检修状态一致时，智能终端将 GOOSE 跳、合闸命令视为有效，当检修状态不一致时，智能终端将 GOOSE 跳、合闸命令视为无效。

### B.5.9 异常告警功能检查

#### B.5.9.1 电源中断告警
断开智能终端直流电源，检查装置告警硬接点应接通。

#### B.5.9.2 装置异常告警
检查装置插件故障时应有告警信号（通信板、CPU 等）。

#### B.5.9.3 GOOSE 异常告警
拔出对应的通信光纤或网线，智能终端发 GOOSE 异常告警；插入对应的通信光纤或网线，GOOSE 异常告警复归。

#### B.5.9.4 控制回路断线告警
模拟控制回路断线，检查智能终端输出的 GOOSE 报文有对应告警信息。

### B.5.10 变压器/电抗器非电量保护检验

#### B.5.10.1 定值整定功能检验
检查定值输入、修改功能正常；使装置失电后再上电，检查定值保持不变。

#### B.5.10.2 非电量保护传动检验
a）退出非电量功能硬压板和跳闸出口硬压板，通过短接非电量保护的重瓦斯、轻瓦斯、油温高、绕组温度高等所有非电量开入节点，检查非电量保护信号指示正常，在监控后台检查相应的非电量信号应正确上传至监控后台、故障录波，非电量信号正确，非电量保护的出口继电器应不动作。

b）投入非电量保护重瓦斯硬压板和跳闸出口硬压板，实际到变压器/电抗器本体上模拟重瓦斯继电器动作，检查非电量出口继电器应动作，出口灯点亮，信号正确，各侧断路器实际跳闸正确。

c）其他需要跳闸的非电量保护功能验证同重瓦斯非电量保护。

### B.5.10.3 非电量直跳继电器动作功率测试

非电量直跳继电器励磁绕组施加电压，同时串入电流表，电压缓慢升高，直至继电器动作。记录动作电压和此时电流，计算继电器的动作功率，动作功率应大于5W。

## B.5.11 断路器本体功能检验

### B.5.11.1 断路器压力闭锁功能检验

断路器在跳闸位置，模拟断路器压力低闭锁合闸动作，手合断路器，断路器无法合闸；断路器在合闸位置，模拟断路器压力低闭锁分闸动作，手跳断路器，断路器无法分闸；断路器在合闸位置，使相应线路保护重合闸充电，模拟断路器压力低闭锁重合闸动作，检查重合闸放电，智能终端对应的告警信号正确。

### B.5.11.2 断路器防跳功能检验

断路器在跳闸位置，用测试仪发手合开关GOOSE命令使断路器合闸并保持，再加入保护跳闸GOOSE命令，断路器正确跳闸，不出现跳跃现象，对两组跳闸绕组的防跳功能应分别检查。

### B.5.11.3 三相不一致保护检验

将就地三相不一致延时继电器按定值单整定，投入就地三相不一致压板，就地合上三相断路器，并将断路器远方/就地把手打至远方，对线路开关还应退出线路保护重合闸。用短接线点分任一相断路器，三相不一致延时继电器应动作并开始计时，达到整定时间后三相不一致延时继电器动作跳开三相开关，检查智能终端对应的告警信号正确。

## B.6 联调试验

## B.6.1 与保护装置的联调试验

根据SCD文件中的虚端子连接关系，在保护装置依次模拟与智能终端有跳闸命令关系的保护动作，智能终端及断路器动作情况应正确，智能终端上的跳闸指示灯显示应正确。实际操作断路器、隔离开关位置变位，检查相关保护装置中的采集应正确，智能终端上的位置指示灯显示应正确。

## B.6.2 与测控及监控后台的联调试验

实际操作断路器、隔离开关位置变位，检查测控及后台采样应正确。模拟智能终端的各种异常状态，检查测控的 GOOSE 开入及后台报文应正确。

## B.7 送电试验

在送电试验时，检查智能终端运行正常，没有误发信号，定值及压板投退与定值单一致，运行环境温度在允许范围内。

## B.8 竣工（见表 B.7）

表 B.7　　　　　　　　　　　竣 工 内 容

| 序号 | 内容 |
|---|---|
| 1 | 全部工作完毕，拆除所有试验接线（先拆电源侧） |
| 2 | 仪器仪表及图纸资料归位 |
| 3 | 全体工作人周密检查施工现场、整理现场，清点工具及回收材料 |
| 4 | 状态检查，严防遗漏项目 |
| 5 | 工作负责人在检修记录上详细记录本次工作所修项目、发现的问题、试验结果和存在的问题等 |
| 6 | 经值班员验收合格，并在验收记录卡上各方签字后 |

## B.9 智能终端调试报告

### B.9.1 基本信息

#### B.9.1.1 装置基本信息（见表 B.8）

表 B.8　　　　　　　　　装 置 基 本 信 息

| 序号 | 项目 | 内容 | 是否为国家电网公司标准版本 |
|---|---|---|---|
| 1 | 装置型号 | | □是　　□否 |
| 2 | 生产厂家 | | |
| 3 | 设备唯一编码 | | □是　　□否 |

续表

| 序号 | 项目 | 内容 | 是否为国家电网公司标准版本 |
|---|---|---|---|
| 4 | 程序版本 | | □是　　　□否 |
| 5 | 程序校验码 | | |
| 6 | 程序生成时间 | | |
| 7 | ICD 版本 | | □是　　　□否 |
| 8 | ICD 校验码 | | |
| 9 | ICD 生成时间 | | |
| 10 | SCD 版本 | | □是　　　□否 |
| 11 | SCD 校验码 | | |
| 12 | 通信程序版本 | | □是　　　□否 |
| 13 | 通信程序校验码 | | |
| 14 | 通信程序生成时间 | | |

**B.9.1.2　仪器设备基本信息（见表 B.9）**

**表 B.9　　　　　　　　　仪 器 设 备 基 本 信 息**

| 序号 | 仪器名称 | 型号 | 铭牌编号 | 证书号 | 有效期 |
|---|---|---|---|---|---|
| 1 | | | | | |
| 2 | | | | | |
| 3 | | | | | |

**B.9.2　通用检查**

**B.9.2.1　电源检查（见表 B.10）**

**表 B.10　　　　　　　　　电 源 检 查 项 目**

| 序号 | 项目 | 检查结果 | 要求 |
|---|---|---|---|
| 1 | 屏柜输入直流电源幅值 | | DC 110V 或 220V |
| 2 | 正常电源装置启动情况 | | |
| 3 | 80％电源装置启动情况 | | 正常启动 |
| 4 | 110％电源装置启动情况 | | |
| 5 | 80％电源拉合三次，装置工作情况 | | 正常工作 |
| 6 | 掉电瞬间，装置输出情况 | | 不误发异常数据 |
| 7 | 装置上电自检情况 | | 自检正常，IED 指示灯正常 |

　结论：＿＿＿＿＿＿＿

**B. 9. 2. 2**　屏柜及装置外观检查（见表 B. 11）

表 B. 11　　　　　　　　　　屏柜及装置外观检查项目

| 序号 | 项目 | 检查结果 | 要求 |
|---|---|---|---|
| 1 | 接线是否可靠 | | 所有端子接线可靠、标识明确、布局合理，接地端子接地可靠 |
| 2 | 接地端子是否可靠接地 | | |
| 3 | 检修压板是否良好 | | |
| 4 | 标识是否明晰 | | |
| 5 | 光纤连接是否符合要求 | | |
| 6 | 电缆布线、接线是否可靠 | | |

结论：

**B. 9. 2. 3**　绝缘电阻检查（见表 B. 12）

表 B. 12　　　　　　　　　　绝缘电阻检查项目

| 序号 | 项目 | 绝缘电阻（MΩ） | 要求 |
|---|---|---|---|
| 1 | 装置回路之间 | | 仅新安装时进行，要求大于 20MΩ |
| 2 | 装置回路对地 | | |
| 3 | 二次回路之间 | | 仅新安装时进行，要求大于 10MΩ |
| 4 | 二次回路对地 | | 新安装时大于 10MΩ，定检时大于 1MΩ |

结论：＿＿＿＿＿＿＿

**B. 9. 2. 4**　配置文件检查

**B. 9. 2. 4. 1**　配置文件版本及 SCD 虚端子检查（见表 B. 13）

表 B. 13　　　　　　　配置文件版本及 SCD 虚端子检查项目

| 序号 | 项目 | 检查结果 | 要求及指标 |
|---|---|---|---|
| 1 | SCD 文件检查 | | 虚端子连线正确，与设计虚端子图相符 |
| 2 | 虚端子对应关系检查 | | 检查 SCD 文件虚端子连接关系与设计图纸是否一致 |

结论：＿＿＿＿＿＿＿

**B.9.2.4.2** 装置配置文件一致性检查（见表 B.14）

表 B.14　　　　　　　　装置配置文件一致性检查项目

| 序号 | 项目 | 检查结果 | 要求 |
|---|---|---|---|
| 1 | A 网 IP 地址 | | 与 SCD 配置文件一致 |
| 2 | B 网 IP 地址 | | |
| 3 | GOCB 数量 | | |
| 4 | GOOSE MAC 地址 | | |
| 5 | GOOSE APPID | | |
| 6 | GOID | | |
| 7 | GOOSE 通道数量 | | |

结论：_____

**B.9.2.4.3** 光纤链路检查（见表 B.15）

表 B.15　　　　　　　　光 纤 链 路 检 查 项 目

| 序号 | 项目 | 检查结果 | 要求 |
|---|---|---|---|
| 1 | 光口发送功率 | | 光波长 1310nm，发送功率 −20～−14dB；光波长 850nm，发送功率 −19～−10dB；光功率裕度不应低于 3dB |
| 2 | 光口接收功率 | | |
| 3 | 光功率裕度 | | |
| 4 | 光纤连接检查 | | |

结论：_____

**B.9.3** GOOSE 开入/开出检查（见表 B.16）

表 B.16　　　　　　　　GOOSE 开入/开出检查项目

| 序号 | 项目 | 检查结果 | 要求 |
|---|---|---|---|
| 1 | GOOSE 开入检查 | | GOOSE 开入/开出正确率 100%，报文符合 DL/T 860 的要求 |
| 2 | GOOSE 开出检查 | | |
| 3 | GOOSE 报文检查 | | |

结论：_____

### B.9.4  动作时间测试（见表 B.17）

**表 B.17**  动作时间测试项目

| 序号 | 项目 | 测试结果 | 要求 |
|---|---|---|---|
| 1 | 第一次动作时间测试 | | |
| 2 | 第二次动作时间测试 | | |
| 3 | 第三次动作时间测试 | | 动作时间均不大于 7ms |
| 4 | 第四次动作时间测试 | | |
| 5 | 第五次动作时间测试 | | |

结论：_____

### B.9.5  SOE 精度测试（见表 B.18）

**表 B.18**  SOE 精度测试项目

| 序号 | 项目 | 检查结果 |
|---|---|---|
| 1 | SOE 时标误差 | |
| 2 | SOE 分辨率 | |

结论：_____

### B.9.6  检修压板闭锁功能检查（见表 B.19）

**表 B.19**  检修压板闭锁功能检查项目

| 序号 | 项目 | 检查结果 |
|---|---|---|
| 1 | 检修标志置位功能检查 | |
| 2 | GOOSE 报文处理机制检查 | |

结论：_____

### B.9.7  异常告警功能检查（见表 B.20）

**表 B.20**  异常告警功能检查项目

| 序号 | 项目 | 检查结果 |
|---|---|---|
| 1 | 电源中断告警功能检查 | |
| 2 | 装置异常告警功能检查 | |
| 3 | GOOSE 异常告警功能检查 | |
| 4 | 控制回路断线告警功能检查 | |

结论：_____

## B.9.8 变压器/电抗器非电量保护检验（见表 B.21）

**表 B.21** 变压器/电抗器非电量保护检验项目

| 序号 | 项目 | 检查结果 | 要求 |
|---|---|---|---|
| 1 | 定值整定功能检验 | | 定值整定功能正常 |
| 2 | 本体重瓦斯传动 | | |
| 3 | 本体压力释放传动 | | |
| 4 | 冷却器全停传动 | | |
| 5 | 本体轻瓦斯传动 | | |
| 6 | 本体油位异常传动 | | |
| 7 | 本体油面温度 1 传动 | | |
| 8 | 本体油面温度 2 传动 | | |
| 9 | 本体绕组温度 1 传动 | | 重瓦斯非电量动作跳闸正确，其余非电量信号上传正确 |
| 10 | 本体绕组温度 2 传动 | | |
| 11 | 调压重瓦斯传动 | | |
| 12 | 调压压力释放传动 | | |
| 13 | 调压轻瓦斯传动 | | |
| 14 | 调压油位异常传动 | | |
| 15 | 调压油面温度 1 传动 | | |
| 16 | 调压油面温度 2 传动 | | |
| 17 | 调压绕组温度 1 传动 | | |
| 18 | 本体重瓦斯直跳继电器动作功率测试 | | 大于 5W |
| 19 | 调压重瓦斯直跳继电器动作功率测试 | | |

结论：_____

## B.9.9 断路器本体功能检验（见表 B.22）

**表 B.22** 断路器本体功能检验项目

| 序号 | 项目 | 检查结果 |
|---|---|---|
| 1 | 断路器压力闭锁功能检验 | |
| 2 | 断路器防跳功能检查检验 | |
| 3 | 三相不一致保护检查检验 | |

结论：_____

## B.9.10 联调试验（见表 B.23）

**表 B.23** 联 调 试 验 项 目

| 序号 | 项目 | 检查结果 |
|---|---|---|
| 1 | 与保护装置的联调试验 | |
| 2 | 与测控及监控后台的联调试验 | |

结论：＿＿＿＿＿

## B.9.11 送电试验（见表 B.24）

**表 B.24** 送 电 试 验 项 目

| 序号 | 项目 | 检查结果 |
|---|---|---|
| 1 | 智能终端运行状态 | |
| 2 | 定值及压板核对 | |

结论：＿＿＿＿＿

# 附录 C　智能变电站 220kV 线路保护定期检验报告

## C.1　检验目的

通过设备单体试验校验线路间隔继电保护设备功能的正确性，通过模拟触发信号检查线路间隔虚回路连接的正确性，通过整组试验验证各装置间的逻辑功能的正确性（单体试验、虚回路检查及整组试验中的部分功能可同步进行）。

## C.2　检验条件

试验前确保涉及本间隔的电流电压回路、母线保护、失灵启动、远切远跳、信号回路及其他回路安全措施已做好，整组试验前确保除安全措施外，本间隔所涉及其他装置之间通信正常，且按运行条件设置软硬压板、系统参数和相关定值，确保装置无告警信号。

## C.3　检验范围

本间隔保护装置、测控装置、智能终端、合并单元、远动装置、故障录波、网络分析仪、电流电压回路、信号回路。

## C.4　检验依据

Q/GDW 383—2009　智能变电站技术导则

Q/GDW 393—2009　110（66）kV～220kV 智能变电站设计规范

Q/GDW Z 410—2010　高压设备智能化技术导则

Q/GDW 426—2010　智能变电站合并单元技术规范

Q/GDW 427—2010　智能变电站测控单元技术规范

Q/GDW 428—2010　智能变电站智能单元技术规范

Q/GDW 431—2010 智能变电站自动化系统现场调试导则

Q/GDW 441—2010 智能变电站继电保护技术规范

Q/GDW 1799.1—2013 国家电网公司电力安全工作规程 变电部分

## C.5 安全措施

执行人： 执行监护人： 恢复人： 恢复监护人：

| 序号 | 安全类别 | 安全措施内容 | 执行检查 | 恢复检查 |
|------|---------|------------|---------|---------|
| 1 | 母线保护 | 本间隔投入软压板退出 | | |
| | | 本间隔GOOSE接受软压板退出 | | |
| 2 | 线路保护 | 检修压板投入 | | |
| | | 启动失灵软压板退出 | | |
| | | 远跳软压板退出（未联调前） | | |
| 3 | 安稳装置 | 本间隔元件投入压板退出 | | |
| | | 本间隔检修压板投入 | | |
| 4 | 测控装置 | 投入检修压板 | | |
| 5 | 合并单元 | 投入检修压板 | | |
| 6 | 智能终端 | 投入检修压板 | | |
| | | 退出出口跳/合闸压板 | | |
| 7 | 其他 | | | |

注 1. 本安全措施适用于线路单间隔检修、其他设备在运行的工况。
　　2. 严格按照表格顺序执行安全措施。
　　3. 插、拔光纤应采取防污染措施。
　　4. 确认的软、硬压板正确位置可不拔光纤。

## C.6 定期检验内容

### C.6.1 间隔常规检查

| 间隔名称 | | | 检验类别 | |
|---------|---|---|---------|---|
| 工作负责人 | | | 作业时间 | |
| 试验人员 | | | | |
| 序号 | 项目 | 检查标准 | 注意事项 | 检验结果 |
| 1 | 外观 | 装置外形应无明显损坏及变形现象 | | |
| 2 | 清扫 | 各部件应清洁良好 | | |
| 3 | 装置连接 | 装置的端子排连接应可靠，所有螺钉均应拧紧，光缆接口应连接牢固，端子排标号、光纤标牌应清晰正确，各装置可靠接地 | | |

| 序号 | 项目 | 检查标准 | 注意事项 | 检验结果 |
|---|---|---|---|---|
| 4 | 插件插拔 | 各插件应插、拔灵活，各插件和插座之间定位良好，插入深度合适 | | |
| 5 | 开头按钮 | 切换开关、按钮、键盘等应操作灵活、手感良好 | | |
| 6 | 其他 | 测量直流电压、交流电压回路阻抗，保证回路中无短路现象 | | |

### C.6.2 间隔配置信息检查

检查本间隔保护设备配置信息。

| 序号 | 设备名称 | 屏柜型号 | 厂家 | 装置型号 | CPU版本号 | 检验码 | 程序生产时间 | 定值单和整定区号 | 投运日期 | 出厂日期 |
|---|---|---|---|---|---|---|---|---|---|---|
| 1 | | | | | | | | | | |
| 2 | | | | | | | | | | |

检查本间隔 MU/智能终端设备配置信息。

| 序号 | 设备名称 | 屏柜型号 | 厂家 | 装置型号 | CPU版本号 | 检验码 | 程序生产时间 | 投运日期 | 出厂日期 |
|---|---|---|---|---|---|---|---|---|---|
| 1 | 合并单元 | | | | | | | | |
| 2 | 智能终端 | | | | | | | | |
| 3 | | | | | | | | | |

### C.6.3 间隔反措执行及核查

| 序号 | 反措执行、检查内容 | 执行、检查结果 |
|---|---|---|
| 1 | | |
| 2 | | |
| 3 | | |

注 依据国家电网公司、省公司相关反措文件执行。

## C.6.4 间隔 A 套二次系统定检试验

### C.6.4.1 绝缘检验

| 检查内容 | 检查要求 | 检查结果（MΩ） |
|---|---|---|
| 交流电流回路对地绝缘电阻 | ＞1MΩ | |
| 交流电压回路对地绝缘电阻 | ＞1MΩ | |
| 直流电源回路对地绝缘电阻 | ＞1MΩ | |
| 信号回路对地绝缘电阻 | ＞1MΩ | |
| 跳、合闸回路对地绝缘电阻 | ＞1MΩ | |

注　1. 对于采用电子式互感器的间隔，交流电流电压回路对地绝缘电阻可填"/"。
　　2. 绝缘电阻表输出为500V。

### C.6.4.2 自启动性能和稳定性检验

| 序号 | 项目 | 检验要求 | 保护装置 | 合并单元 | 智能终端 | 测控装置 | 其他装置 |
|---|---|---|---|---|---|---|---|
| 1 | 直流电源缓慢上升时的自启动性能检验 | 检验直流电源由零缓慢升至80%额定电压值，此时逆变电源插件应正常工作 | | | | | |
| 2 | 拉合直流电源时的自启动性能 | 直流电源调至80%额定电压，断开、合上检验直流电源开关，逆变电源插件应正常工作 | | | | | |
| 3 | 稳定性检测 | 分别加80%、100%、115%的直流额定电压，保护装置处于正常工作状态 | | | | | |

### C.6.4.3 装置通电初步检查

| 序号 | 项目 | 检验要求 | 保护装置 | 合并单元 | 智能终端 | 测控装置 | 其他装置 |
|---|---|---|---|---|---|---|---|
| 1 | 装置的通电自检 | 装置通电后，先进行全面自检，运行灯点亮。此时，液晶显示屏出现短时全亮状态，表明液晶显示屏完好 | | | | | |
| 2 | 检验键盘 | 在装置正常运行状态下，检验按键的功能应正确 | | | | | |

续表

| 序号 | 项目 | 检验要求 | 保护装置 | 合并单元 | 智能终端 | 测控装置 | 其他装置 |
|---|---|---|---|---|---|---|---|
| 3 | 时钟的校对 | 断掉同步时间输入，装置应能报警，改变装置的时间，装置自守时正常，恢复同步时间输入，装置应能恢复到同步时钟时刻 | | | | | |
| 4 | 网络打印机试验 | 一体化平台应能召唤并打印出保护装置的动作报告，定值报告和自检报告 | | | | | |

**C. 6. 4. 4　光纤通道电平检验**

用光功率计测量本间隔各装置的发送和接收光功率电平。

| 序号 | 通道 | 项目 | 要求值 | 实测值 |
|---|---|---|---|---|
| 1 | 保护装置至智能终端 | 发送电平 | 最低－22.5dB，裕度10dB | |
| | | 接收电平 | 最低－30dB，裕度10dB | |
| 2 | 线路差动光纤通道 | 发送电平 | 最低－22.5dB，裕度10dB | |
| | | 接收电平 | 最低－30dB，裕度10dB | |
| 3 | 保护装置至合并单元 | 发送电平 | 最低－22.5dB，裕度10dB | |
| | | 接收电平 | 最低－30dB，裕度10dB | |
| 4 | 保护装置至GOOSE交换机 | 发送电平 | 最低－22.5dB，裕度10dB | |
| | | 接收电平 | 最低－30dB，裕度10dB | |
| 5 | 智能终端至GOOSE交换机 | 发送电平 | 最低－22.5dB，裕度10dB | |
| | | 接收电平 | 最低－30dB，裕度10dB | |
| 6 | 合并单元至SV交换机 | 发送电平 | 最低－22.5dB，裕度10dB | |
| | | 接收电平 | 最低－30dB，裕度10dB | |
| 7 | 合并单元至母线合并单元 | 发送电平 | 最低－22.5dB，裕度10dB | |
| | | 接收电平 | 最低－30dB，裕度10dB | |

**C. 6. 4. 5　高频通道检验**

按常规高频保护通道检验项目进行检验。

**C. 6. 4. 6　SV电流/电压检查及遥测检验**

**C. 6. 4. 6. 1　零漂检查**

| 序号 | 项目/单位 | 保护 | 母差 | 测控 | 后台 | 远动 | 故障录波 | 网络分析仪 |
|---|---|---|---|---|---|---|---|---|
| 1 | $U_{A1}$（V） | | | | | | | |
| 2 | $U_{B1}$（V） | | | | | | | |

| 序号 | 项目/单位 | 保护 | 母差 | 测控 | 后台 | 远动 | 故障录波 | 网络分析仪 |
|---|---|---|---|---|---|---|---|---|
| 3 | $U_{C1}$（V） | | | | | | | |
| 4 | $U_{A2}$（V） | | | | | | | |
| 5 | $U_{B2}$（V） | | | | | | | |
| 6 | $U_{C2}$（V） | | | | | | | |
| 7 | $I_{A1}$（A） | | | | | | | |
| 8 | $I_{B1}$（A） | | | | | | | |
| 9 | $I_{C1}$（A） | | | | | | | |
| 10 | $I_{A2}$（A） | | | | | | | |
| 11 | $I_{B2}$（A） | | | | | | | |
| 12 | $I_{C2}$（A） | | | | | | | |

注　1. $U_{A1}$代表Ⅰ母A相电压，$U_{A2}$代表Ⅱ母A相电压，其他类推，下同。

　　2. 零漂范围需满足装置技术条件规定。

**C.6.4.6.2　电压切换回路试验**

试验仪器：模拟式继电保护测试仪。

试验方法：通过模拟式继电保护测试仪在电压合并单元前段加入电压量，以信号短接方式加入不同隔离开关位置检查电压切换逻辑。

| 隔离开关操作 | | 隔离开关状态 | | 电压切换输出要求 | 保护 | 测量 | 信号动作 |
|---|---|---|---|---|---|---|---|
| Ⅰ母隔离开关 | Ⅱ母隔离开关 | Ⅰ母隔离开关 | Ⅱ母隔离开关 | | | | |
| 0（上电） | 0（上电） | 0 | 0 | 0 | | | |
| 0->1 | 0 | 1 | 0 | $U_1$ | | | |
| 1 | 0->1 | 1 | 1 | $U_1$ | | | |
| 1->0 | 1 | 0 | 1 | $U_2$ | | | |
| 0->1 | 1 | 1 | 1 | $U_2$ | | | |
| 1->0 | 1 | 0 | 1 | $U_2$ | | | |
| 0 | 1->0 | 0 | 0 | $U_2$ | | | |
| 0->1 | 0 | 1 | 0 | $U_1$ | | | |

注　$U_1$ 为Ⅰ母电压，$U_2$ 为Ⅱ母电压。

**C.6.4.6.3　电流/电压采样精度检验**

试验仪器：模拟式继电保护测试仪。

试验方法：通过模拟式继电保护测试仪在间隔合并单元前端加不同幅值的电流、电压量，查看线路保护、测控装置以及后台、远动上显示的幅值，幅值精度须满足装置技术条件的规定。

对采用电磁式电流电压互感器加合并单元配置的变电站，本间隔电流电压可采用模拟继电保护测试仪加入，母线电压须经过与母线合并单元相同装置转换后加入。

对于采用电子互感器加合并单元配置的变电站，从一次侧升流升压检查电流/电压采集回路。

1G 合、2G 断　　TV 变比：　　TA 变比：

| 序号 | 项目/单位 | 幅值 | 保护 | 测控 | 后台 | 远动 | 故障录波 | 网络分析仪 |
|---|---|---|---|---|---|---|---|---|
| 1 | $U_{A1}$ (V) | 10V | | | | | | |
| 2 | $U_{B1}$ (V) | 30V | | | | | | |
| 3 | $U_{C1}$ (V) | 50V | | | | | | |
| 4 | $U_{A2}$ (V) | 20V | | | | | | |
| 5 | $U_{B2}$ (V) | 40V | | | | | | |
| 6 | $U_{C2}$ (V) | 60V | | | | | | |
| 7 | $I_{A1}$ (A) | 1A | | | | | | |
| 8 | $I_{B1}$ (A) | 3A | | | | | | |
| 9 | $I_{C1}$ (A) | 5A | | | | | | |
| 10 | $I_{A2}$ (A) | 2A | | | | | | |
| 11 | $I_{B2}$ (A) | 4A | | | | | | |
| 12 | $I_{C2}$ (A) | 6A | | | | | | |

注　1. 隔离开关变位时同步检查相关虚回路。
　　2. 1G、2G 为本间隔母线隔离开关（下同）。

1G 断、2G 合　　TV 变比：　　TA 变比：

| 序号 | 项目/单位 | 幅值 | 保护 | 测控 | 后台 | 远动 | 故障录波 | 网络分析仪 |
|---|---|---|---|---|---|---|---|---|
| 1 | $U_{A1}$ (V) | 10V | | | | | | |
| 2 | $U_{B1}$ (V) | 30V | | | | | | |
| 3 | $U_{C1}$ (V) | 50V | | | | | | |
| 4 | $U_{A2}$ (V) | 20V | | | | | | |
| 5 | $U_{B2}$ (V) | 40V | | | | | | |
| 6 | $U_{C2}$ (V) | 60V | | | | | | |
| 7 | $I_{A1}$ (A) | 1A | | | | | | |
| 8 | $I_{B1}$ (A) | 3A | | | | | | |
| 9 | $I_{C1}$ (A) | 5A | | | | | | |
| 10 | $I_{A2}$ (A) | 2A | | | | | | |
| 11 | $I_{B2}$ (A) | 4A | | | | | | |
| 12 | $I_{C2}$ (A) | 6A | | | | | | |

### C.6.4.7 保护装置检验

试验仪器：数字式继电保护测试仪。

试验方法：利用测试仪直接与保护装置通过光纤相连进行测试，装置定期检验可对主保护的整定项目进行检查，后备保护选取任一整定项目进行检查即可。

以下表格仅对主要保护的定值及原理进行了校验，对保护装置的启动项及异常运行情况下的保护定值和原理，可参考常规保护试验报告进行检查。

#### C.6.4.7.1 光纤差动保护

| 定值（A） | 故障类别 | 0.95倍整定值动作行为 | 0.05倍整定值动作行为 | 比例系数 $K_1/K_2$ | 实测动作时间(s)/故障量(A) |
|---|---|---|---|---|---|
| | AB | | | | |
| | BC | | | | |
| | CA | | | | |
| | AN | | | | |
| | BN | | | | |
| | NC | | | | |
| | ABC | | | | |

#### C.6.4.7.2 距离保护

| 保护项目 | 整定值 | | 0.95倍整定值动作行为 | 1.05倍整定值动作行为 | 实测动作时间(s)/故障量(Ω) |
|---|---|---|---|---|---|
| | $Z(\Omega)$ | $T(s)$ | | | |
| 相间距离Ⅰ段（AB/BC/CA） | | | | | |
| 相间距离Ⅱ段（AB/BC/CA） | | | | | |
| 相间距离Ⅲ段（AB/BC/CA） | | | | | |
| 接地距离Ⅰ段（AN/BN/CN） | | | | | |
| 接地距离Ⅱ段（AN/BN/CN） | | | | | |
| 接地距离Ⅲ段（AN/BN/CN） | | | | | |

### C.6.4.7.3 零序保护

| 保护项目 | 整定值 | | 0.95 倍整定值动作行为 | 1.05 倍整定值动作行为 | 实测动作时间（s）/故障量（Ω） |
|---|---|---|---|---|---|
| | I(A) | T(s) | | | |
| 零序Ⅰ段<br>(AN/BN/CN) | | | | | |
| 零序Ⅱ段<br>(AN/BN/CN) | | | | | |
| 零序Ⅲ段<br>(AN/BN/CN) | | | | | |

### C.6.4.8 GOOSE 虚回路检查及遥控遥信检验

试验仪器：模拟式/数字式继电保护测试仪。

试验方法：对于虚端子图中所设计虚回路需一一进行验证，难证方法可采用传动方式（包括开关传动、保护传动、信号传动），对于故障报警及其他开入、开出信号宜采用模拟实际故障或实际变位的方式检查。虚回路验证可同步检查网络分析仪中的显示情况。该试验可穿插于其他试验中进行。

相关检查内容根据各站的虚拟端子设计情况进行增减。

### C.6.4.8.1 合并单元 GOOSE 开入虚回路检验

| 序号 | 虚端子描述 | 信息来源 | 结果 |
|---|---|---|---|
| 1 | 1G 位置 | A 套智能终端 | |
| 2 | 2G 位置 | A 套智能终端 | |
| 3 | … | … | |

### C.6.4.8.2 合并单元 GOOSE 开出虚回路检验

| 序号 | 虚端子描述 | 目标装置 | 结果 |
|---|---|---|---|
| 1 | 检修 | 保护、测控装置 | |
| 2 | 电压切换隔离开关同时动作告警 | 保护、测控装置 | |
| 3 | 母线 MU 额定延时异常 | 保护、测控装置 | |
| 4 | … | … | |

### C.6.4.8.3 智能终端 GOOSE 开入虚回路检验

| 序号 | 虚端子描述 | 信息来源 | 结果 |
|---|---|---|---|
| 1 | 跳 A 出口 1（跳闸） | 保护、测控装置 | |
| 2 | 跳 B 出口 1（跳闸） | 保护、测控装置 | |

续表

| 序号 | 虚端子描述 | 信息来源 | 结果 |
|---|---|---|---|
| 3 | 跳C出口1（跳闸） | 保护、测控装置 | |
| 4 | 母线保护出口 | 保护、测控装置 | |
| 5 | 重合出口（合闸） | 保护、测控装置 | |
| 6 | … | … | |

### C.6.4.8.4　智能终端GOOSE开出虚回路检验

| 序号 | 虚端子描述 | 目标装置 | 结果 |
|---|---|---|---|
| 1 | 断路器A相位置 | 保护、测控装置 | |
| 2 | 断路器B相位置 | 保护、测控装置 | |
| 3 | 断路器C相位置 | 保护、测控装置 | |
| 4 | 间隔隔离开关位置 | 保护、测控装置 | |
| 5 | 合并单元告警 | 保护、测控装置 | |
| 6 | 热交换器告警 | 保护、测控装置 | |
| 7 | 另套智能终端来闭锁重合闸 | 保护、测控装置 | |
| 8 | 检修压板 | 保护、测控装置 | |
| 9 | 操作回路中 | 保护、测控装置 | |
| 10 | 过程层网络异常 | 保护、测控装置 | |
| 11 | 串口通信异常 | 保护、测控装置 | |
| 12 | 保护三跳 | 保护、测控装置 | |
| 13 | A相控回断线 | 保护、测控装置 | |
| 14 | B相控回断线 | 保护、测控装置 | |
| 15 | C相控回断线 | 保护、测控装置 | |
| 16 | 重合闸放电 | 保护、测控装置 | |
| 17 | … | … | |

### C.6.4.8.5　保护GOOSE开入虚回路检验

| 序号 | 虚端子描述 | 信息来源 | 结果 |
|---|---|---|---|
| 1 | A相断路器位置 | 智能终端 | |
| 2 | B相断路器位置 | 智能终端 | |
| 3 | C相断路器位置 | 智能终端 | |
| 4 | 闭锁重合闸 | 智能终端 | |
| 5 | 开关压力低禁止重合闸 | 智能终端 | |
| 6 | … | … | |

**C.6.4.8.6** 保护 GOOSE 开出虚回路检验

| 序号 | 虚端子描述 | 目标装置 | 结果 |
|---|---|---|---|
| 1 | 保护跳 A 相 | 母差保护 | |
| 2 | 保护跳 B 相 | 母差保护 | |
| 3 | 保护跳 C 相 | 母差保护 | |
| 4 | 重合闸 | 智能终端 | |
| 5 | ⋯ | ⋯ | |

**C.6.4.8.7** 测控装置 GOOSE 开入虚回路检验

| 序号 | 虚端子描述 | 信息来源 | 测控 | 后台 | 远动 |
|---|---|---|---|---|---|
| 1 | SF$_6$ 压力降低报警 | 智能终端 | | | |
| 2 | 断路器位置信号 | 智能终端 | | | |
| 3 | 检修信号开入 | 智能终端 | | | |
| 4 | ⋯ | ⋯ | | | |

**C.6.4.8.8** 测控装置 GOOSE 开出虚回路检验

| 遥控信息描述 | 相关操作 | 实际状态 | 后台状态 | 远动状态 |
|---|---|---|---|---|
| | 断路器分闸 | | | |
| | 断路器合闸 | | | |
| 开关、隔离开关遥控 | 间隔隔离开关分闸 | | | |
| | 间隔隔离开关合闸 | | | |
| | ⋯ | | | |

**注** 同步检查五防闭锁逻辑。

**C.6.4.9** 检修压板配合检验

**C.6.4.9.1** 本间隔压板配合检验

在合并单元处模拟 A 相瞬时故障，检查检修压板在各种配合情况下的保护动作。

| 序号 | 合并压板 | 保护压板 | 终端压板 | 保护动作情况 | 终端出口情况 | 检查结果 |
|---|---|---|---|---|---|---|
| 1 | 不投 | 不投 | 不投 | 动作 | 动作 | |
| 2 | 不投 | 不投 | 投 | 动作 | 不动作 | |
| 3 | 不投 | 投 | 不投 | 不动作 | 不动作 | |

| 序号 | 合并压板 | 保护压板 | 终端压板 | 保护动作情况 | 终端出口情况 | 检查结果 |
|---|---|---|---|---|---|---|
| 4 | 不投 | 投 | 投 | 不动作 | 不动作 | |
| 5 | 投 | 不投 | 不投 | 不动作 | 不动作 | |
| 6 | 投 | 投 | 不投 | 动作 | 不动作 | |
| 7 | 投 | 不投 | 投 | 不动作 | 不动作 | |
| 8 | 投 | 投 | 投 | 动作 | 动作 | |

**C.6.4.9.2** 一体化平台投退保护装置软压板及远方切换定值区检验

对于一体化平台设计了软压板图标的需一一进行投退测试，远方修改定值只需验收其功能正常。

| 序号 | 装置名称 | 软压板描述 | 检查结果 |
|---|---|---|---|
| 1 | 线路保护 | 差动投入软压板 | |
| 2 | ⋯ | ⋯ | |

## C.6.5 间隔B套二次系统定检试验

参加A套二次系统定检试验。

## C.7 整组试验

试验仪器：模拟式继电保护测试仪。

试验方法：装置按运行条件，在合并单元前端加入模拟量，模拟各种故障试验。

| 序号 | 故障类别 | 保护动作情况 | 断路器动作情况 | 后台信号 |
|---|---|---|---|---|
| 1 | A相瞬时 | | | |
| 2 | A相反相 | | | |
| 3 | B相瞬时 | | | |
| 4 | C相永久 | | | |
| 5 | 相间故障 | | | |
| 6 | 其他故障 | | | |

## C.8 重合闸动作时间测试

| 整定值 | |
|---|---|
| 实测值 | |

## C.9 带通道联调检验

### C.9.1 光纤电流差动保护

| | 本侧保护装置显示值 | | | 对侧保护装置显示值 | | |
|---|---|---|---|---|---|---|
| | 本侧电流<br>（A） | 对侧电流<br>（A） | 差流<br>（A） | 本侧电流<br>（A） | 对侧电流<br>（A） | 差流<br>（A） |
| 本侧加入<br>三相不对称电流 | | | | | | |
| 对侧加入<br>三相不对称电流 | | | | | | |

### C.9.2 高频保护

| 序号 | 本侧发（收）（dB） | 对侧收（发）（dB） |
|---|---|---|
| 1 | | |
| 2 | | |

## C.10 带负荷检验

以 UA 为基准，有功功率 $P=$ _____MW，无功功率 $Q=$ _____Mvar。
待校验间隔带负荷后，对相关保护装置进行极性检查。

| A 套线路保护 | B 套线路保护 | A 套母差保护 | B 套母差保护 |
|---|---|---|---|
| A | A | A | A |
| B | B | B | B |
| C | C | C | C |
| N | N | N | N |

续表

| A套线路保护 | | B套线路保护 | | A套母差保护 | | B套母差保护 | |
|---|---|---|---|---|---|---|---|
| 测量 | | 计量 | | 故障录波 | | | |
| A | | A | | A | | | |
| B | | B | | B | | | |
| C | | C | | C | | | |
| N | | N | | N | | | |

## C.11 检验用主要试验仪器

| 序号 | 试验仪器名称 | 设备型号 | 编号 | 合格期限 |
|---|---|---|---|---|
| 1 | 数字式继电保护测试仪 | | | |
| 2 | 模拟式继电保护测试仪 | | | |
| 3 | 绝缘电阻表 | | | |
| 4 | 万用表 | | | |
| 5 | 光功率计 | | | |
| 6 | 光源 | | | |
| 7 | 高频通道微机成套试验仪 | | | |
| 8 | 母线合并单元 | | | |
| 9 | 电子式互感器转换装置 | | | |
| 10 | …… | | | |

## C.12 试验总结

总结本间隔定检情况,对遗留问题进行描述并给出相关建议,结合带负荷试验结果,对是否可投入运行下结论。

# 附录 D 智能变电站 220kV 主变压器 保护定期检验报告

## D.1 检验目的

通过设备单体试验校验主变压器间隔继电保护各设备功能的完整正确性，通过模拟触发信号检查主变压器间隔虚回路连接的完整正确性，通过整组试验验证各装置间的逻辑功能的正确性（单体试验、虚回路检查及整组试验中的部分功能可同步进行）。

## D.2 检验条件

试验前确保涉及本间隔的电流电压回路、母线保护、失灵启动、远切远跳、信号回路及其他回路安全措施已做好，整组试验前确保除安全措施外，本间隔所涉及其他装置之间通信正常，且按运行条件设置软硬压板、系统参数和相关定值，确保装置无告警信号。

## D.3 检验范围

本间隔保护装置、测控装置、智能终端、合并单元、远动装置、故障录波、网络分析仪、电流电压回路、信号回路。

## D.4 检验依据

Q/GDW 383—2009　智能变电站技术导则

Q/GDW 393—2009　110(66)kV～220kV 智能变电站设计规范

Q/GDW Z 410—2010　高压设备智能化技术导则

Q/GDW 426—2010　智能变电站合并单元技术规范

Q/GDW 427—2010　智能变电站测控单元技术规范

Q/GDW 428—2010 智能变电站智能单元技术规范

Q/GDW 431—2010 智能变电站自动化系统现场调试导则

Q/GDW 441—2010 智能变电站继电保护技术规范

Q/GDW 1799.1—2013 国家电网公司电力安全工作规程 变电部分

## D.5 安全措施

执行人： 执行监护人： 恢复人： 恢复监护人：

| 序号 | 安全类别 | 安全措施内容 | 执行检查 | 恢复检查 |
|------|----------|--------------|----------|----------|
| 1 | 母线保护 | 本间隔投入软压板退出 | | |
| | | 本间隔GOOSE接受软压板退出 | | |
| 2 | 主变压器保护 | 检修压板投入 | | |
| | | 启动失灵软压板退出 | | |
| | | 退出高、中、低压侧母联（分段）出口GOOSE压板 | | |
| 3 | 安稳装置 | 本间隔元件投入压板退出 | | |
| | | 本间隔检修压板投入 | | |
| 4 | 测控装置 | 投入检修压板 | | |
| 5 | 合并单元 | 投入检修压板 | | |
| 6 | 智能终端 | 投入各侧检修压板 | | |
| | | 退出各侧出口跳/合闸压板 | | |
| 7 | 其他 | | | |

注 1. 本安全措施适用于线路单间隔检修、其他设备在运行的工况。
　　2. 严格按照表格顺序执行安全措施。
　　3. 插、拔光纤应采取防污染措施。

## D.6 定期检验内容

### D.6.1 间隔常规检查

| 间隔名称 | | | 检验类别 | |
|----------|--|--|----------|--|
| 工作负责人 | | | 作业时间 | |
| 试验人员 | | | | |
| 序号 | 项目 | 检查标准 | 注意事项 | 检验结果 |
| 1 | 外观 | 装置外形应无明显损坏及变形现象 | | |
| 2 | 清扫 | 各部件应清洁良好 | | |

续表

| 序号 | 项目 | 检查标准 | 注意事项 | 检验结果 |
|------|------|----------|----------|----------|
| 3 | 装置连接 | 装置的端子排连接应可靠，所有螺钉均应拧紧，光缆接口应连接牢固，端子排标号、光纤标牌应清晰正确，各装置可靠接地 | | |
| 4 | 插件插拔 | 各插件应插、拔灵活，各插件和插座之间定位良好，插入深度合适 | | |
| 5 | 开头按钮 | 切换开关、按钮、键盘等应操作灵活、手感良好 | | |
| 6 | 其他 | 测量直流电压、交流电压回路阻抗，保证回路中无短路现象 | | |

### D.6.2　间隔配置信息检查

检查主变压器保护设备配置信息。

| 序号 | 设备名称 | 屏柜型号 | 厂家 | 装置型号 | CPU版本号 | 检验码 | 程序生产时间 | 定值单和整定区号 | 投运日期 | 出厂日期 |
|------|----------|----------|------|----------|-----------|--------|--------------|------------------|----------|----------|
| 1 | | | | | | | | | | |
| 2 | | | | | | | | | | |
| 3 | | | | | | | | | | |

检查主变压器各侧 MU/智能终端设备配置信息。

| 序号 | 设备名称 | 屏柜型号 | 厂家 | 装置型号 | CPU版本号 | 检验码 | 程序生产时间 | 投运日期 | 出厂日期 |
|------|----------|----------|------|----------|-----------|--------|--------------|----------|----------|
| 1 | 智能终端 | | | | | | | | |
| 2 | 合并单元 | | | | | | | | |
| 3 | | | | | | | | | |

### D.6.3 间隔反措执行及核查

| 序号 | 反措执行、检查内容 | 执行、检查结果 |
|---|---|---|
| 1 | | |
| 2 | | |
| 3 | | |

**注** 依据国家电网公司、省公司相关反措文件执行。

### D.6.4 间隔 A 套二次系统定检试验

#### D.6.4.1 绝缘检验

| 检查内容 | 检查要求 | 检查结果（MΩ） |
|---|---|---|
| 交流电流回路对地绝缘电阻 | >1MΩ | |
| 交流电压回路对地绝缘电阻 | >1MΩ | |
| 直流电源回路对地绝缘电阻 | >1MΩ | |
| 信号回路对地绝缘电阻 | >1MΩ | |
| 跳、合闸回路对地绝缘电阻 | >1MΩ | |

**注** 1. 对于采用电子式互感器的间隔，交流电流电压回路对地绝缘电阻可填 "/"。
2. 绝缘电阻表输出为 500V。

#### D.6.4.2 自启动性能和稳定性检验

| 序号 | 项目 | 检验要求 | 保护装置 | 合并单元 | 智能终端 | 测控装置 | 其他装置 |
|---|---|---|---|---|---|---|---|
| 1 | 直流电源缓慢上升时的自启动性能检验 | 检验直流电源由零缓慢升至80%额定电压值，此时逆变电源插件应正常工作 | | | | | |
| 2 | 拉合直流电源时的自启动性能 | 直流电源调至80%额定电压，断开、合上检验直流电源开关，逆变电源插件应正常工作 | | | | | |
| 3 | 稳定性检测 | 分别加80%、100%、115%的直流额定电压，保护装置处于正常工作状态 | | | | | |

### D.6.4.3 装置通电初步检查

| 序号 | 项目 | 检验要求 | 保护装置 | 合并单元 | 智能终端 | 测控装置 | 其他装置 |
|---|---|---|---|---|---|---|---|
| 1 | 装置的通电自检 | 装置通电后，先进行全面自检，运行灯点亮。此时，液晶显示屏出现短时全亮状态，表明液晶显示屏完好 | | | | | |
| 2 | 检验键盘 | 在装置正常运行状态下，检验按键的功能应正确 | | | | | |
| 3 | 时钟的校对 | 断掉同步时间输入，装置应能报警，改变装置的时间，装置自守时正常，恢复同步时间输入，装置应能恢复到同步时钟时刻 | | | | | |
| 4 | 网络打印机试验 | 一体化平台应能召唤并打印出保护装置的动作报告，定值报告和自检报告 | | | | | |

### D.6.4.4 高压侧检验

各装置收发信光电平检测。

| 序号 | 通道 | 项目 | 要求值 | 实测值 |
|---|---|---|---|---|
| 1 | 保护装置至智能终端 | 发送电平 | 最低$-22.5$dB，裕度10dB | |
| | | 接收电平 | 最低$-30$dB，裕度10dB | |
| 2 | 保护装置至合并单元 | 发送电平 | 最低$-22.5$dB，裕度10dB | |
| | | 接收电平 | 最低$-30$dB，裕度10dB | |
| 3 | 保护装置至GOOSE交换机 | 发送电平 | 最低$-22.5$dB，裕度10dB | |
| | | 接收电平 | 最低$-30$dB，裕度10dB | |
| 4 | 智能终端至GOOSE交换机 | 发送电平 | 最低$-22.5$dB，裕度10dB | |
| | | 接收电平 | 最低$-30$dB，裕度10dB | |
| 5 | 合并单元至SV交换机 | 发送电平 | 最低$-22.5$dB，裕度10dB | |
| | | 接收电平 | 最低$-30$dB，裕度10dB | |
| 6 | 合并单元至母线合并单元 | 发送电平 | 最低$-22.5$dB，裕度10dB | |
| | | 接收电平 | 最低$-30$dB，裕度10dB | |

**D. 6. 4. 5** SV 电流/电压检查及遥测检验

**D. 6. 4. 5. 1** 零漂检查

| 序号 | 项目/单位 | 保护 | 母差 | 测控 | 后台 | 远动 | 故障录波 | 网络分析仪 |
|----|---------|----|----|----|----|----|--------|---------|
| 1 | $U_{A1}$(V) | | | | | | | |
| 2 | $U_{B1}$(V) | | | | | | | |
| 3 | $U_{C1}$(V) | | | | | | | |
| 4 | $U_{A2}$(V) | | | | | | | |
| 5 | $U_{B2}$(V) | | | | | | | |
| 6 | $U_{C2}$(V) | | | | | | | |
| 7 | $I_{A1}$(A) | | | | | | | |
| 8 | $I_{B1}$(A) | | | | | | | |
| 9 | $I_{C1}$(A) | | | | | | | |
| 10 | $I_{A2}$(A) | | | | | | | |
| 11 | $I_{B2}$(A) | | | | | | | |
| 12 | $I_{C2}$(A) | | | | | | | |

**注** 1. $U_{A1}$代表Ⅰ母A相电压，$U_{A2}$代表Ⅱ母A相电压，其他类推，下同。
   2. 零漂范围需满足装置技术条件规定。

**D. 6. 4. 5. 2** SV 电流/电压检查及遥测联调试验

电压切换回路试验。

| 隔离开关操作 | | 隔离开关状态 | | 电压切换输出要求 | 保护测量 | 信号动作 |
|-----------|-----------|-----------|-----------|------|------|------|
| Ⅰ母隔离开关 | Ⅱ母隔离开关 | Ⅰ母隔离开关 | Ⅱ母隔离开关 | | | |
| 0（上电） | 0（上电） | 0 | 0 | 0 | | |
| 0->1 | 0 | 1 | 0 | $U_1$ | | |
| 1 | 0->1 | 1 | 1 | $U_1$ | | |
| 1->0 | 1 | 0 | 1 | $U_2$ | | |
| 0->1 | 1 | 0 | 1 | $U_2$ | | |
| 1->0 | 1 | 0 | 1 | $U_2$ | | |
| 0 | 1->0 | 0 | 0 | $U_2$ | | |
| 0->1 | 0 | 1 | 0 | $U_1$ | | |

**D. 6. 4. 5. 3** 电流/电压采样精度及极性试验

采用常规模拟继电保护测试仪，在间隔合并单元外加电流、电压量，查看主变压器保护、线差保护、测控装置及后台、远动上显示的模拟量。

1G 合、2G 断　　TV 变比：　　TA 变比：

| 序号 | 项目 | 幅值 | 保护 | 测控 | 后台 | 远动 | 故障录波 | 备自投 |
|---|---|---|---|---|---|---|---|---|
| 1 | $U_{A1}$ | 10 | | | | | | |
| 2 | $U_{B1}$ | 30 | | | | | | |
| 3 | $U_{C1}$ | 50 | | | | | | |
| 4 | $U_{A2}$ | 20 | | | | | | |
| 5 | $U_{B2}$ | 40 | | | | | | |
| 6 | $U_{C2}$ | 60 | | | | | | |
| 7 | $I_{A1}$ | 1 | | | | | | |
| 8 | $I_{B1}$ | 3 | | | | | | |
| 9 | $I_{C1}$ | 5 | | | | | | |
| 10 | $I_0$ | 2 | | | | | | |
| 11 | $I_j$ | 4 | | | | | | |

注　1. 隔离开关变位时同步检查相关虚回路。
　　2. 测试结果保留两位小数。

1G 断、2G 合　　TV 变比：　　TA 变比：

| 序号 | 项目 | 幅值 | 保护 | 测控 | 后台 | 远动 | 故障录波 | 备自投 |
|---|---|---|---|---|---|---|---|---|
| 1 | $U_{A1}$ | 10 | | | | | | |
| 2 | $U_{B1}$ | 30 | | | | | | |
| 3 | $U_{C1}$ | 50 | | | | | | |
| 4 | $U_{A2}$ | 20 | | | | | | |
| 5 | $U_{B2}$ | 40 | | | | | | |
| 6 | $U_{C2}$ | 60 | | | | | | |
| 7 | $I_{A1}$ | 1 | | | | | | |
| 8 | $I_{B1}$ | 3 | | | | | | |
| 9 | $I_{C1}$ | 5 | | | | | | |
| 10 | $I_0$ | 2 | | | | | | |
| 11 | $I_j$ | 4 | | | | | | |

注　1. 隔离开关变位时同步检查相关虚回路。
　　2. 测试结果保留两位小数。

### D.6.4.6　主变压器保护检验

试验仪器：数字式继电保护测试仪。

试验方法：利用测试仪直接与保护装置通过光纤相连进行测试，装置定期检验可对保护的整定项目进行检查。

以下表格仅对主要保护的定值及原理进行了校验，对保护装置的启动项及异常运行情况下的保护定值和原理，可参考常规保护试验报告进行检查。

**D. 6. 4. 6. 1** 差动速断

| 计算动作值（A） | 试验值（A） | | 动作情况 | 动作时间 |
|---|---|---|---|---|
| | A | 1.05 倍整定值 | | |
| | | 0.95 倍整定值 | | |
| | B | 1.05 倍整定值 | | |
| | | 0.95 倍整定值 | | |
| | C | 1.05 倍整定值 | | |
| | | 0.95 倍整定值 | | |

**D. 6. 4. 6. 2** 比例差动

| 项目 | 曲线点 | | 对应电流 | | 动作时间 |
|---|---|---|---|---|---|
| | $I_{dz}$（A） | $I_{sd}$（A） | $I_1$（A） | $I_2$（A） | $t$（ms） |
| 1 | | | | | |
| 2 | | | | | |
| 3 | | | | | |
| 4 | | | | | |
| 5 | | | | | |

**D. 6. 4. 6. 3** 高压侧零序过流保护

中、低压侧零序过流保护参照高压侧零序过流保护格式检验。

| 相别 | 整定值 | 动作值 | 动作情况 | 动作时间（ms） |
|---|---|---|---|---|
| A | | 0.95 倍整定值 | | |
| | | 1.05 倍整定值 | | |
| B | | 0.95 倍整定值 | | |
| | | 1.05 倍整定值 | | |
| C | | 0.95 倍整定值 | | |
| | | 1.05 倍整定值 | | |

**D. 6. 4. 6. 4** 过负荷告警

中、低压侧过负荷保护参照高压侧过负荷保护格式检验。

| 相别 | 整定值 | 动作值 | 动作情况 | 动作时间（ms） |
|---|---|---|---|---|
| A | | 0.95 倍整定值 | | |
| | | 1.05 倍整定值 | | |
| B | | 0.95 倍整定值 | | |
| | | 1.05 倍整定值 | | |
| C | | 0.95 倍整定值 | | |
| | | 1.05 倍整定值 | | |

**D.6.4.6.5** 过励磁保护

| 校验项目 | 整定值 | 动作值 | 动作时间（s） |
|---|---|---|---|
| 定时限过励磁告警 | | | |
| 定时限跳闸定值 1 | | | |
| 定时限跳闸定值 2 | | | |
| 反时限过励磁 1 段 | | | |

**D.6.4.7** GOOSE 虚回路检查及遥控遥信联调试验

相关检查内容根据各站的虚拟端子设计情况进行增减。

**D.6.4.7.1** 合并单元 GOOSE 开入虚回路联调试验

| 序号 | 虚端子描述 | 信息来源 | 结果 |
|---|---|---|---|
| 1 | 1G 位置 | A 套智能终端 | |
| 2 | 2G 位置 | A 套智能终端 | |
| 3 | … | … | |

**D.6.4.7.2** 合并单元 GOOSE 开出虚回路联调试验

| 序号 | 虚端子描述 | 目标装置 | 结果 |
|---|---|---|---|
| 1 | 检修 | 保护、测控装置 | |
| 2 | ××通道系数读取异常 | 保护、测控装置 | |
| 3 | 电压切换隔离开关同时动作报警 | 保护、测控装置 | |
| 4 | 母线 MU 额定延时异常 | 保护、测控装置 | |
| 5 | 收网络 GOOSE 链路断链 | 保护、测控装置 | |
| 6 | … | … | |

### D.6.4.7.3 智能终端GOOSE开出虚回路联调试验

| 序号 | 虚端子描述 | 目标装置 | 结果 |
|------|-----------|----------|------|
| 1 | A相断路器位置 | 保护、测控装置 | |
| 2 | B相断路器位置 | 保护、测控装置 | |
| 3 | C相断路器位置 | 保护、测控装置 | |
| 4 | 隔离开关位置 | | |
| 5 | … | … | |

### D.6.4.7.4 智能终端GOOSE开入虚回路联调试验

| 序号 | 虚端子描述 | 信息来源 | 结果 |
|------|-----------|----------|------|
| 1 | 跳高压侧 | 保护、测控装置 | |
| 2 | 断路器遥控分闸 | 保护、测控装置 | |
| 3 | 断路器遥控合闸 | 保护、测控装置 | |
| 4 | 间隔隔离开关分闸 | 保护、测控装置 | |
| 5 | 间隔隔离开关合闸 | 保护、测控装置 | |
| 6 | A套智能终端复归 | 保护、测控装置 | |
| 7 | B套智能终端复归 | 保护、测控装置 | |
| 8 | … | … | |

### D.6.4.7.5 保护GOOSE开入虚回路联调试验

| 序号 | 虚端子描述 | 信息来源 | 结果 |
|------|-----------|----------|------|
| 1 | 1号主变压器高压侧失灵联跳 | A套母线保护 | |
| 2 | … | … | |

### D.6.4.7.6 保护GOOSE开出虚回路联调试验

| 序号 | 虚端子描述 | 目标装置 | 结果 |
|------|-----------|----------|------|
| 1 | 跳高压侧 | 变压器高压侧智能终端 | |
| 2 | | 高压侧母线保护 | |
| 3 | 跳高压侧母联 | 高压侧母联智能终端 | |
| 4 | 跳中压侧 | 变压器中压侧智能终端 | |
| 5 | | 中压侧母线保护 | |
| 6 | 跳中压侧母联 | 中压侧母联智能终端 | |
| 7 | 跳低压侧分支 | 变压器低压侧智能终端 | |
| 8 | 跳低压侧分段 | 变压器低压侧分段智能终端 | |

| 序号 | 虚端子描述 | 目标装置 | 结果 |
|------|-----------|---------|------|
| 9 | 闭锁中压备自投 | 主变压器备自投 | |
| 10 | 解除高压侧失灵复压闭锁 | 高压侧母线保护 | |
| 11 | 解除中压侧失灵复压闭锁 | 中压侧母线保护 | |
| 12 | … | … | |

注 1. 根据虚回路要求，分别模拟差动、零流一段、零流二段、复压过流（10kV 二段带方向）、间隙保护，可带开关传动试验，同步检查本套保护整组动作行为和 MMS 通信功能。
2. 在整组试验前，宜先完成中低压侧相应虚回路检测，确保跳合闸回路畅通，以便同步传动检查。

### D.6.4.7.7 测控装置 GOOSE 开入虚回路联调及遥信试验

| 序号 | 虚端子描述 | 信息来源 | 测控 | 后台 | 远动 |
|------|-----------|---------|------|------|------|
| 1 | 开关 SF$_6$ 压力降低报警 | 智能终端 | | | |
| 2 | 断路器位置信号 | 智能终端 | | | |
| 3 | 间隔隔离开关位置信号 | 智能终端 | | | |
| 4 | 检修信号开入 | 智能终端 | | | |
| 5 | … | … | | | |

### D.6.4.8 测控装置 GOOSE 开出虚回路联调及遥控试验

| 序号 | 遥控信息描述 | 对应虚端子 | 实际状态 | 后台状态 | 远动状态 |
|------|-----------|---------|---------|---------|---------|
| 1 | 主变压器高压 | 断路器分闸 | | | |
| 2 | | 断路器合闸 | | | |
| 3 | 主变压器高压隔离开关遥控 | 遥控分闸 | | | |
| 4 | | 遥控合闸 | | | |

### D.6.4.9 检修压板配合试验

母差保护本间隔投入压板不投，在合并单元处模拟 A 相瞬时故障，检查检修压板在各种配合情况下的保护动作。

| 序号 | 合并压板 | 保护压板 | 终端压板 | 保护动作 | 终端出口 | 检查结果 |
|------|---------|---------|---------|---------|---------|---------|
| 1 | 不投 | 不投 | 不投 | 动作 | 动作 | |
| 2 | 不投 | 不投 | 投 | 动作 | 不动作 | |
| 3 | 不投 | 投 | 不投 | 不动作 | 不动作 | |
| 4 | 不投 | 投 | 投 | 不动作 | 不动作 | |
| 5 | 投 | 不投 | 不投 | 不动作 | 不动作 | |
| 6 | 投 | 投 | 不投 | 动作 | 不动作 | |
| 7 | 投 | 不投 | 投 | 不动作 | 不动作 | |
| 8 | 投 | 投 | 投 | 动作 | 动作 | |

**D.6.4.10** 中压侧联调

参照高压侧二次系统定检试验。

**D.6.4.11** 低压侧联调

参照高压侧二次系统定检试验。

## D.6.5　间隔 B 套二次系统定检试验

参加 A 套二次系统定检试验。

## D.6.6　本体保护检验

### D.6.6.1　各装置收发信光电平检测

| 序号 | 通道 | 项目 | 要求值 | 实测值 |
|------|------|------|--------|--------|
| 1 | 本体智能终端至 GOOSE 交换机 | 发送电平 | 最低－22.5dB，裕度 10dB | |
|   |   | 接收电平 | 最低－30dB，裕度 10dB | |

### D.6.6.2　非电量联调试验

| 序号 | 遥测信息描述 | 就地 | 后台 | 远动 |
|------|--------------|------|------|------|
| 1 | 1 号主变压器本体油温高 | | | |
| 2 | 1 号主变压器本体调压油温高 | | | |
| 3 | 本体重瓦斯 | | | |
| 4 | 本体轻瓦斯 | | | |
| 5 | 调压重瓦斯 | | | |
| 6 | 本体压力释放 | | | |
| 7 | 调压压力释放 | | | |
| 8 | … | | | |

### D.6.6.3　本体终端 GOOSE 开入虚回路联调试验

| 序号 | 虚端子描述 | 信息来源 | 结果 |
|------|-----------|----------|------|
| 1 | 保护 A 闭锁调压 | 主变压器保护 A | |
| 2 | 保护 B 闭锁调压 | 主变压器保护 B | |
| 3 | 保护 A 启动风冷 | 主变压器保护 A | |
| 4 | 保护 B 启动风冷 | 主变压器保护 B | |

**D.6.6.4** 遥控联调试验

| 序号 | 遥控信息描述 | 控制方式 | 实际情况 | 后台 | 远动 |
|---|---|---|---|---|---|
| 1 | 1号主变压器有载调压遥控 | 升挡 | | | |
| | | 降挡 | | | |
| 2 | 1号主变压器高压侧中性点接地开关 | 分闸 | | | |
| | | 合闸 | | | |
| 3 | 1号主变压器中压侧中性点接地开关 | 分闸 | | | |
| | | 合闸 | | | |

## D.7 整组试验

试验仪器：模拟式继电保护测试仪。

试验方法：装置按运行条件，在合并单元前端加入模拟量，模拟各种故障试验。

| 序号 | 故障类别 | 保护动作情况 | 断路器动作情况 | 后台信号 |
|---|---|---|---|---|
| 1 | 主变压器差动 | | | |
| 2 | 高压侧后备 | | | |
| 3 | 中压侧后备 | | | |
| 4 | 低压侧后备 | | | |
| 5 | 本体重瓦斯 | | | |
| 6 | 调压重瓦斯 | | | |

## D.8 带负荷检验

以 UA 为基准，有功功率 $P=$ _____ MW，无功功率 $Q=$ _____ Mvar。
待校验间隔带负荷后，对相关保护装置进行极性检查。

| A套主变压器保护 | B套主变压器保护 | A套母差保护 | B套母差保护 |
|---|---|---|---|
| A | A | A | A |
| B | B | B | B |
| C | C | C | C |
| N | N | N | N |

续表

| A套主变压器保护 | B套主变压器保护 | A套母差保护 | B套母差保护 |
|---|---|---|---|
| 测量 | 计量 | 故障录波 | |
| A | A | A | |
| B | B | B | |
| C | C | C | |
| N | N | N | |

## D. 9 检验用主要试验仪器

| 序号 | 试验仪器名称 | 设备型号 | 编号 | 合格期限 |
|---|---|---|---|---|
| 1 | 数字式继电保护测试仪 | | | |
| 2 | 模拟式继电保护测试仪 | | | |
| 3 | 绝缘电阻表 | | | |
| 4 | 万用表 | | | |
| 5 | 光功率计 | | | |
| 6 | 光源 | | | |
| 7 | 母线合并单元 | | | |
| 8 | 电子式互感器转换装置 | | | |

## D. 10 试验总结

　　总结本间隔定检情况，对遗留问题进行描述并给出相关建议，结合带负荷试验结果，对是否可投入运行下结论。

# 附录 E　智能变电站 220kV 母线保护定期检验报告

## E.1　检验目的

通过设备单体试验校验母线间隔继电保护各设备功能的完整正确性，通过模拟触发信号检查母线间隔虚回路连接的完整正确性，通过整组试验验证各装置间的逻辑功能的完整正确性（单体试验、虚回路检查及整组试验中的部分功能可同步进行）。

## E.2　检验条件

试验前确保涉及本间隔的电流电压回路、信号回路及其他回路安全措施已做好，整组试验前确保除安全措施外，本间隔所涉及其他装置之间通信正常，且按运行条件设置软硬压板、系统参数和相关定值，确保装置无告警信号。

## E.3　检验范围

本间隔保护装置、测控装置、智能终端、合并单元、远动装置、故障录波、网络分析仪、电流电压回路、信号回路。

## E.4　检验依据

Q/GDW 383—2009　智能变电站技术导则

Q/GDW 393—2009　110(66)kV～220kV 智能变电站设计规范

Q/GDW Z 410—2010　高压设备智能化技术导则

Q/GDW 426—2010　智能变电站合并单元技术规范

Q/GDW 427—2010　智能变电站测控单元技术规范

Q/GDW 428—2010　智能变电站智能单元技术规范

Q/GDW 431—2010　智能变电站自动化系统现场调试导则

Q/GDW 441—2010　智能变电站继电保护技术规范

Q/GDW 1799.1—2013　国家电网公司电力安全工作规程　变电部分

## E.5　安全措施

| 执行人： | 执行监护人： | | 恢复人： | 恢复监护人： |
|---|---|---|---|---|
| 安全类别 | 安全措施内容 | | 执行检查 | 恢复检查 |
| 母线保护 | 投入"检修压板" | | | |
| | 退出所有支路的 GOOSE 出口压板 | | | |

注　1. 本安全措施适用于母联间隔检修、其他设备在运行的工况。
　　2. 严格按照表格顺序执行安全措施。
　　3. 插、拔光纤应采取防污染措施。

## E.6　定期检验内容

### E.6.1　间隔常规检查

| 间隔名称 | | | 检验类别 | |
|---|---|---|---|---|
| 工作负责人 | | | 作业时间 | |
| 试验人员 | | | | |
| 序号 | 项目 | 检查标准 | 注意事项 | 检验结果 |
| 1 | 外观 | 装置外形应无明显损坏及变形现象 | | |
| 2 | 清扫 | 各部件应清洁良好 | | |
| 3 | 装置连接 | 装置的端子排连接应可靠，所有螺钉均应拧紧，光缆接口应连接牢固，端子排标号、光纤标牌应清晰正确，各装置可靠接地 | | |
| 4 | 插件插拔 | 各插件应插、拔灵活，各插件和插座之间定位良好，插入深度合适 | | |
| 5 | 开头按钮 | 切换开关、按钮、键盘等应操作灵活、手感良好 | | |
| 6 | 其他 | 测量直流电压、交流电压回路阻抗，保证回路中无短路现象 | | |

### E.6.2　间隔配置信息检查

检查母线保护设备配置信息。

| 序号 | 设备名称 | 屏柜型号 | 厂家 | 装置型号 | CPU版本号 | 检验码 | 程序生产时间 | 定值单和整定区号 | 投运日期 | 出厂日期 |
|---|---|---|---|---|---|---|---|---|---|---|
| 1 | | | | | | | | | | |
| 2 | | | | | | | | | | |
| 3 | | | | | | | | | | |

检查本间隔 MU/智能终端设备配置信息。

| 序号 | 设备名称 | 屏柜型号 | 厂家 | 装置型号 | CPU版本号 | 检验码 | 程序生产时间 | 投运日期 | 出厂日期 |
|---|---|---|---|---|---|---|---|---|---|
| 1 | 母线合并单元 | | | | | | | | |
| 2 | 母线智能终端 | | | | | | | | |
| 3 | | | | | | | | | |

## E.6.3 间隔反措执行及核查

| 序号 | 反措执行、检查内容 | 执行、检查结果 |
|---|---|---|
| 1 | | |
| 2 | | |
| 3 | | |

注 依据国家电网公司、省公司相关反措文件执行。

## E.6.4 间隔 A 套二次系统定检试验

### E.6.4.1 绝缘检验

| 检查内容 | 检查要求 | 检查结果（MΩ） |
|---|---|---|
| 直流电源回路对地绝缘电阻 | >1MΩ | |
| 信号回路对地绝缘电阻 | >1MΩ | |

注 绝缘电阻表输出为 500V。

### E.6.4.2 自启动性能和稳定性检验

| 序号 | 项目 | 检验要求 | 保护装置 | 合并单元 | 智能终端 | 测控装置 | 其他装置 |
|---|---|---|---|---|---|---|---|
| 1 | 直流电源缓慢上升时的自启动性能检验 | 检验直流电源由零缓慢升至80%额定电压值，此时逆变电源插件应正常工作 | | | | | |
| 2 | 拉合直流电源时的自启动性能 | 直流电源调至80%额定电压，断开、合上检验直流电源开关，逆变电源插件应正常工作 | | | | | |
| 3 | 稳定性检测 | 分别加80%、100%、115%的直流额定电压，保护装置处于正常工作状态 | | | | | |

### E.6.4.3 装置通电初步检查

| 序号 | 项目 | 检验要求 | 保护装置 | 合并单元 | 智能终端 | 测控装置 | 其他装置 |
|---|---|---|---|---|---|---|---|
| 1 | 装置的通电自检 | 装置通电后，先进行全面自检，运行灯点亮。此时，液晶显示屏出现短时全亮状态，表明液晶显示屏完好 | | | | | |
| 2 | 检验键盘 | 在装置正常运行状态下，检验按键的功能应正确 | | | | | |
| 3 | 时钟的校对 | 断掉同步时间输入，装置应能报警，改变装置的时间，装置自守时正常，恢复同步时间输入，装置应能恢复到同步时钟时刻 | | | | | |
| 4 | 网络打印机试验 | 一体化平台应能召唤并打印出保护装置的动作报告，定值报告和自检报告 | | | | | |

### E.6.4.4 各装置收发信光电平检测

| 序号 | 通道 | 项目 | 要求值 | 实测值 |
|---|---|---|---|---|
| 1 | 母线保护至各间隔保护 | 发送电平 | 最低－22.5dB，裕度10dB | |
| | | 接收电平 | 最低－30dB，裕度10dB | |
| 2 | 母线保护至母线间隔合并单元 | 发送电平 | 最低－22.5dB，裕度10dB | |
| | | 接收电平 | 最低－30dB，裕度10dB | |

续表

| 序号 | 通道 | 项目 | 要求值 | 实测值 |
|---|---|---|---|---|
| 3 | 母线保护至各间隔合并单元 | 发送电平 | 最低－22.5dB，裕度10dB | |
| | | 接收电平 | 最低－30dB，裕度10dB | |
| 4 | 母线保护至各间隔智能终端 | 发送电平 | 最低－22.5dB，裕度10dB | |
| | | 接收电平 | 最低－30dB，裕度10dB | |
| 5 | 母线保护至GOOSE交换机 | 发送电平 | 最低－22.5dB，裕度10dB | |
| | | 接收电平 | 最低－30dB，裕度10dB | |

**E.6.4.5** 电流/电压采样精度及极性试验

采用数字式继保测试仪，在母差保护屏处加入电流、电压量，查看母差保护上显示的幅值及角度。

1. Ⅰ母电压及各间隔电流

$U_{A1}$外加10V，实测：

$U_{B1}$外加30V，实测：

$U_{C1}$外加50V，实测：

| 序号 | 间隔 | $I_A=1A$ | $I_B=3A$ | $I_C=5A$ | 变比 |
|---|---|---|---|---|---|
| 1 | ... | ... | | | |

2. Ⅱ母电压及各间隔电流

$U_{A2}$外加20V，实测：

$U_{B2}$外加40V，实测：

$U_{C2}$外加60V，实测：

| 序号 | 间隔 | $I_A=1A$ | $I_B=3A$ | $I_C=5A$ | 变比 |
|---|---|---|---|---|---|
| 1 | ... | ... | | | |

**E.6.4.6** GOOSE虚回路检查

相关检查内容根据各站的虚拟端子设计情况进行增减。

**E.6.4.6.1** 母差保护GOOSE开入虚回路检查

| 序号 | 虚端子描述 | 信息来源 | 结果 |
|---|---|---|---|
| 1 | 各间隔断路器位置 | 智能终端 | |
| 2 | 各间隔1G位置 | 智能终端 | |
| 3 | 各间隔2G位置 | 智能终端 | |

| 序号 | 虚端子描述 | 信息来源 | 结果 |
|---|---|---|---|
| 4 | 各间隔A相启动失灵 | 间隔保护 | |
| 5 | 各间隔B相启动失灵 | 间隔保护 | |
| 6 | 各间隔C相启动失灵 | 间隔保护 | |
| 7 | 各间隔三相启动失灵 | 间隔保护 | |
| 8 | 母联间隔三相启动失灵 | 间隔保护 | |
| 9 | … | … | |

### E.6.4.6.2　母差保护GOOSE开出虚回路检查

| 序号 | 虚端子描述 | 目标装置 | 结果 |
|---|---|---|---|
| 1 | 跳母联 | 母联智能终端 | |
| 2 | 主变压器高压侧失灵联跳 | 主变压器保护A | |
| 3 | 跳各间隔断路器 | 各间隔智能终端 | |
| 4 | … | … | |

### E.6.4.6.3　母线智能终端GOOSE开出虚回路检验

| 序号 | 虚端子描述 | 目标装置 | 结果 |
|---|---|---|---|
| 1 | 母线隔离开关 | 测控装置 | |
| 2 | … | … | |

### E.6.4.6.4　母线智能终端GOOSE开入虚回路检验

| 序号 | 虚端子描述 | 目标装置 | 结果 |
|---|---|---|---|
| 1 | 母线隔离开关合闸命令 | 测控装置 | |
| 2 | 母线隔离开关分闸命令 | 测控装置 | |
| 3 | … | … | |

### E.6.4.6.5　测控装置GOOSE开出虚回路检验

| 序号 | 遥控信息描述 | 相关操作 | 实际状态 | 后台状态 | 远动状态 |
|---|---|---|---|---|---|
| 1 | 开关、隔离开关遥控 | 母线隔离开关分闸 | | | |
| | | 母线隔离开关合闸 | | | |
| | | … | | | |

### E.6.4.6.6 母线合并单元 GOOSE 开出虚回路联调试验

| 序号 | 虚端子描述 | 目标装置 | 结果 |
|---|---|---|---|
| 1 | 检修 | 保护、测控装置 | |
| 2 | ××通道系数读取异常 | 保护、测控装置 | |
| 3 | … | … | |

### E.6.4.7 母差保护检验

试验仪器：数字式继电保护测试仪。

试验方法：利用测试仪直接与保护装置通过光纤相连进行测试，装置定期检验可对保护的整定项目进行检查。

以下表格仅对主要保护的定值及原理进行了校验，对保护装置的启动项及异常运行情况下的保护定值和原理，可参考常规保护试验报告进行检查。

### E.6.4.7.1 母线复压检验

| 试验模拟 | 相别 | 定值 | 动作情况 |
|---|---|---|---|
| Ⅰ母复压开放 | UA | . | |
| | UB | | |
| | UC | | |
| | U0 | | |
| | U2 | | |
| Ⅱ母故障 | UA | | |
| | UB | | |
| | UC | | |
| | U0 | | |
| | U2 | | |

### E.6.4.7.2 母线差动保护检验

| 序号 | 试验模拟 | 相别 | 具体动作情况 |
|---|---|---|---|
| 1 | Ⅰ母故障 | A 相 | |
| | | B 相 | |
| | | C 相 | |
| | Ⅱ母故障 | A 相 | |
| | | B 相 | |
| | | C 相 | |
| 2 | 死区故障 | A 相 | |
| | | B 相 | |
| | | C 相 | |
| 3 | 母联失灵 | | |

### E.6.4.7.3　失灵保护检验

退出母差保护投入软压板，模拟各间隔失灵保护启动，检查保护和各智能终端的动作情况（不带开关）。

| 试验模拟 | 具体动作情况 |
|---|---|
| A 相失灵 | |
| B 相失灵 | |
| C 相失灵 | |

## E.6.5　间隔B套二次系统定检试验

参加 A 套二次系统定检试验。

## E.7　整组试验

试验仪器：模拟式继电保护测试仪。

试验方法：装置按运行条件，在母差保护处加入模拟量，模拟各种故障试验。

| 序号 | 故障类别 | 保护动作 | 后台信号 |
|---|---|---|---|
| 1 | Ⅰ母母线故障 | | |
| 2 | Ⅱ母母线故障 | | |
| 3 | 失灵保护 | | |

## E.8　带负荷检验

母线保护投运前，对母线保护装置各间隔进行极性检查。

| 1 间隔 | | 2 间隔 | | 3 间隔 | | 4 间隔 | |
|---|---|---|---|---|---|---|---|
| A | | A | | A | | A | |
| B | | B | | B | | B | |
| C | | C | | C | | C | |
| N | | N | | N | | N | |
| …间隔 | | 1 母小差差流 | | 2 母小差差流 | | 大差差流 | |
| A | | A | | A | | A | |
| B | | B | | B | | B | |
| C | | C | | C | | C | |
| N | | N | | N | | N | |

## E.9 检验用主要试验仪器

| 序号 | 试验仪器名称 | 设备型号 | 编号 | 合格期限 |
|---|---|---|---|---|
| 1 | 数字式继电保护测试仪 | | | |
| 2 | 模拟式继电保护测试仪 | | | |
| 3 | 绝缘电阻表 | | | |
| 4 | 万用表 | | | |
| 5 | 光功率计 | | | |
| 6 | 光源 | | | |
| 7 | 母线合并单元 | | | |
| 8 | 电子式互感器转换装置 | | | |
| 9 | ... | | | |

## E.10 试验总结

总结本间隔定检情况，对遗留问题进行描述并给出相关建议，结合带负荷试验结果，对是否可投入运行下结论。

# 附录 F  智能变电站 220kV 母联保护
# 定期检验报告

## F.1  检验目的

通过设备单体试验校验本间隔继电保护各设备功能的完整正确性，通过模拟触发信号检查本间隔虚回路连接的完整正确性，通过整组试验验证各装置间的逻辑功能的完整正确性（单体试验、虚回路检查及整组试验中的部分功能可同步进行）。

## F.2  检验条件

试验前确保涉及本间隔的电流回路、母线保护、失灵启动、远切远跳、信号回路及其他回路安全措施已做好，整组试验前确保除安全措施外，本间隔所涉及其他装置之间通信正常，且按运行条件设置软硬压板、系统参数和相关定值，确保装置无告警信号。

## F.3  检验范围

本间隔保护装置、测控装置、智能终端、合并单元、远动装置、故障录波、网络分析仪、电流回路、信号回路。

## F.4  检验依据

Q/GDW 383—2009  智能变电站技术导则

Q/GDW 393—2009  110(66)kV～220kV 智能变电站设计规范

Q/GDW Z 410—2010  高压设备智能化技术导则

Q/GDW 426—2010  智能变电站合并单元技术规范

Q/GDW 427—2010  智能变电站测控单元技术规范

Q/GDW 428—2010  智能变电站智能单元技术规范

Q/GDW 431—2010　智能变电站自动化系统现场调试导则

Q/GDW 441—2010　智能变电站继电保护技术规范

Q/GDW 1799.1—2013　国家电网公司电力安全工作规程　变电部分

## F.5　安全措施

| 执行人： | 执行监护人： | 恢复人： | 恢复监护人： | | |
|---|---|---|---|---|---|
| 序号 | 安全类别 | 安全措施内容 | | 执行检查 | 恢复检查 |
| 1 | 母线保护 | 本间隔投入软压板退出 | | | |
| | | 本间隔 GOOSE 接受软压板退出 | | | |
| 2 | 母联保护 | 检修压板投入 | | | |
| | | 启动失灵软压板退出 | | | |
| 3 | 合并单元 | 投入检修压板 | | | |
| 4 | 智能终端 | 投入检修压板 | | | |
| 5 | 其他 | | | | |

注　1. 本安全措施适用于母联间隔检修、其他设备在运行的工况。
　　2. 严格按照表格顺序执行安全措施。
　　3. 插、拔光纤应采取防污染措施。

## F.6　定期检验内容

### E.6.1　间隔常规检查

| 间隔名称 | | | 检验类别 | |
|---|---|---|---|---|
| 工作负责人 | | | 作业时间 | |
| 试验人员 | | | | |
| 序号 | 项目 | 检查标准 | 注意事项 | 检验结果 |
| 1 | 外观 | 装置外形应无明显损坏及变形现象 | | |
| 2 | 清扫 | 各部件应清洁良好 | | |
| 3 | 装置连接 | 装置的端子排连接应可靠，所有螺钉均应拧紧，光缆接口应连接牢固，端子排标号、光纤标牌应清晰正确，各装置可靠接地 | | |
| 4 | 插件插拔 | 各插件应插、拔灵活，各插件和插座之间定位良好，插入深度合适 | | |
| 5 | 开头按钮 | 切换开关、按钮、键盘等应操作灵活、手感良好 | | |
| 6 | 其他 | 测量直流电压、交流电压回路阻抗，保证回路中无短路现象 | | |

### F.6.2 间隔配置信息检查

检查本间隔保护设备配置信息。

| 序号 | 设备名称 | 屏柜型号 | 厂家 | 装置型号 | CPU版本号 | 检验码 | 程序生产时间 | 定值单和整定区号 | 投运日期 | 出厂日期 |
|------|---------|---------|------|---------|-----------|--------|-------------|----------------|---------|---------|
| 1 | 母联保护 | | | | | | | | | |
| 2 | | | | | | | | | | |

检查本间隔 MU/智能终端设备配置信息。

| 序号 | 设备名称 | 屏柜型号 | 厂家 | 装置型号 | CPU版本号 | 检验码 | 程序生产时间 | 投运日期 | 出厂日期 |
|------|---------|---------|------|---------|-----------|--------|-------------|---------|---------|
| 1 | 合并单元 | | | | | | | | |
| 2 | 智能终端 | | | | | | | | |
| 3 | | | | | | | | | |

### F.6.3 间隔反措执行及核查

| 序号 | 反措执行、检查内容 | 执行、检查结果 |
|------|------------------|---------------|
| 1 | | |
| 2 | | |

注 依据国家电网公司、省公司相关反措文件执行。

### F.6.4 间隔 A 套二次系统定检试验

#### F.6.4.1 绝缘检验

| 检查内容 | 检查要求 | 检查结果（MΩ） |
|---------|---------|---------------|
| 交流电流回路对地绝缘电阻 | >1MΩ | |
| 直流电源回路对地绝缘电阻 | >1MΩ | |
| 信号回路对地绝缘电阻 | >1MΩ | |
| 跳、合闸回路对地绝缘电阻 | >1MΩ | |

注 1. 对于采用电子式互感器的间隔，交流电流电压回路对地绝缘电阻可填 "/"。
　　2. 绝缘电阻表输出为 500V。

### F. 6. 4. 2　自启动性能和稳定性检验

| 序号 | 项目 | 检验要求 | 保护装置 | 合并单元 | 智能终端 | 测控装置 | 其他装置 |
|---|---|---|---|---|---|---|---|
| 1 | 直流电源缓慢上升时的自启动性能检验 | 检验直流电源由零缓慢升至80%额定电压值，此时逆变电源插件应正常工作 | | | | | |
| 2 | 拉合直流电源时的自启动性能 | 直流电源调至80%额定电压，断开、合上检验直流电源开关，逆变电源插件应正常工作 | | | | | |
| 3 | 稳定性检测 | 分别加80%、100%、115%的直流额定电压，保护装置处于正常工作状态 | | | | | |

### F. 6. 4. 3　装置通电初步检查

| 序号 | 项目 | 检验要求 | 保护装置 | 合并单元 | 智能终端 | 测控装置 | 其他装置 |
|---|---|---|---|---|---|---|---|
| 1 | 装置的通电自检 | 装置通电后，先进行全面自检，运行灯点亮。此时，液晶显示屏出现短时全亮状态，表明液晶显示屏完好 | | | | | |
| 2 | 检验键盘 | 在装置正常运行状态下，检验按键的功能应正确 | | | | | |
| 3 | 时钟的校对 | 断掉同步时间输入，装置应能报警，改变装置的时间，装置自守时正常，恢复同步时间输入，装置应能恢复到同步时钟时刻 | | | | | |
| 4 | 网络打印机试验 | 一体化平台应能召唤并打印出保护装置的动作报告，定值报告和自检报告 | | | | | |

### F. 6. 4. 4　各装置收发信光电平检测

| 序号 | 通道 | 项目 | 要求值 | 实测值 |
|---|---|---|---|---|
| 1 | 保护装置至智能终端 | 发送电平 | 最低−22.5dB，裕度10dB | |
| | | 接收电平 | 最低−30dB，裕度10dB | |
| 2 | 保护装置至合并单元 | 发送电平 | 最低−22.5dB，裕度10dB | |
| | | 接收电平 | 最低−30dB，裕度10dB | |
| 3 | 保护装置至GOOSE交换机 | 发送电平 | 最低−22.5dB，裕度10dB | |
| | | 接收电平 | 最低−30dB，裕度10dB | |

续表

| 序号 | 通道 | 项目 | 要求值 | 实测值 |
|---|---|---|---|---|
| 4 | 智能终端至 GOOSE 交换机 | 发送电平 | 最低－22.5dB，裕度 10dB | |
| | | 接收电平 | 最低－30dB，裕度 10dB | |
| 5 | 合并单元至 SV 交换机 | 发送电平 | 最低－22.5dB，裕度 10dB | |
| | | 接收电平 | 最低－30dB，裕度 10dB | |

**F.6.4.5** SV 电流电压检查及遥测检验

**F.6.4.5.1** 零漂检查

| 序号 | 项目/单位 | 保护 | 母差 | 测控 | 后台 | 远动 | 故障录波 | 网络分析仪 |
|---|---|---|---|---|---|---|---|---|
| 1 | $I_{A1}$(A) | | | | | | | |
| 2 | $I_{B1}$(A) | | | | | | | |
| 3 | $I_{C1}$(A) | | | | | | | |
| 4 | $I_{A2}$(A) | | | | | | | |
| 5 | $I_{B2}$(A) | | | | | | | |
| 6 | $I_{C2}$(A) | | | | | | | |

**注** 零漂范围需满足装置技术条件规定。

**F.6.4.5.2** 电流采样精度及极性试验

采用常规模拟继电保护测试仪，在间隔合并单元外加电流量，查看保护、测控装置以及后台、远动上显示的幅值及角度。

TV 变比：220kV/100V          TA 变比：

| 序号 | 项目 | 幅值 | 母联保护 | 测控 | 后台 | 远动 | 故障录波 |
|---|---|---|---|---|---|---|---|
| 1 | $I_{A1}$ | 1 | | | | | |
| 2 | $I_{B1}$ | 3 | | | | | |
| 3 | $I_{C1}$ | 5 | | | | | |
| 4 | $I_{A2}$ | 2 | | | | | |
| 5 | $I_{B2}$ | 4 | | | | | |
| 6 | $I_{C2}$ | 6 | | | | | |

**F.6.4.6** 母联保护检验

试验仪器：数字式继电保护测试仪。

试验方法：利用测试仪直接与保护装置通过光纤相连进行测试。

| | 整定值 | | 0.95 倍整定值动作行为 | 1.05 倍整定值动作行为 | 实测动作时间(s) / 故障量(A) 实际动作故障电流 |
|---|---|---|---|---|---|
| | $I(A)$ | $T(s)$ | | | |
| 过流Ⅰ段（A/B/C） | | | | | |
| 过流Ⅱ段（A/B/C） | | | | | |
| 零序过流Ⅱ段（A/B/C） | | | | | |

**F.6.4.7** GOOSE 虚回路检查及遥控遥信联调试验

试验仪器：模拟式/数字式继电保护测试仪。

试验方法：对于虚端子图中所设计虚回路需一一进行验证，难证方法可采用传动方式（包括开关传动、保护传动、信号传动），对于故障报警及其他开入开出信号宜采用模拟实际故障或实际变位的方式检查。虚回路验证可同步检查网络分析仪中的显示情况。该试验可穿插于其他试验中进行。

相关检查内容根据各站的虚拟端子设计情况进行增减。

**F.6.4.7.1** 合并单元 GOOSE 开出虚回路联调试验

| 序号 | 虚端子描述 | 目标装置 | 结果 |
|---|---|---|---|
| 1 | 检修 | 保护、测控装置 | |
| 2 | 通道系数读取异常 | 保护、测控装置 | |
| 3 | 母线 MU 额定延时异常 | 保护、测控装置 | |
| 4 | 收 GOOSE A 网链路断链 | 保护、测控装置 | |
| 5 | … | … | |

**F.6.4.7.2** 智能终端 GOOSE 开出虚回路联调试验

| 序号 | 虚端子描述 | 目标装置 | 结果 |
|---|---|---|---|
| 1 | 收保护 GOOSE 链路断链 | 保护、测控装置 | |
| 2 | 收母差 GOOSE 链路断链 | 保护、测控装置 | |
| 3 | 收 GOOSE A 网链路断链 | 保护、测控装置 | |
| 4 | 手合开入 | 保护、测控装置 | |
| 5 | 检修 | 保护、测控装置 | |
| 6 | 第二套智能终端告警 | 保护、测控装置 | |
| 7 | 第二套智能终端闭锁 | 保护、测控装置 | |
| 8 | 油泵运转 | 保护、测控装置 | |
| 9 | $SF_6$ 压力降低报警 | 保护、测控装置 | |
| 10 | 油泵电机打压超时或零序闭锁 | 保护、测控装置 | |
| 11 | 主储压筒漏气 | 保护、测控装置 | |

| 序号 | 虚端子描述 | 目标装置 | 结果 |
|---|---|---|---|
| 12 | 压力降低分闸闭锁 | 保护、测控装置 | |
| 13 | 压力降低合闸闭锁 | 保护、测控装置 | |
| 14 | 压力降低重合闸闭锁 | 保护、测控装置 | |
| 15 | $SF_6$气压低闭锁操作 | 保护、测控装置 | |
| 16 | 操作把手远控位置 | 保护、测控装置 | |
| 17 | A套合并单元闭锁 | 保护、测控装置 | |
| 18 | A套合并单元告警 | 保护、测控装置 | |
| 19 | 遥信备用 | 保护、测控装置 | |
| 20 | 热交换器告警 | 保护、测控装置 | |
| 21 | 隔离开关就地控制 | 保护、测控装置 | |
| 22 | 控制回路断线 | 保护、测控装置 | |
| 23 | 总线启动信号异常 | 保护、测控装置 | |
| 24 | GOOSE输入长期动作 | 保护、测控装置 | |
| 25 | 对时失步告警 | 保护、测控装置 | |
| 26 | … | … | |

### F.6.4.7.3 智能终端GOOSE开入虚回线路联调试验

| 序号 | 虚端子描述 | 信息来源 | 结果 |
|---|---|---|---|
| 1 | GOOSE跳闸出口1 | A套母联保护 | |
| 2 | 跳母联 | B套母联保护 | |
| 3 | 跳高压侧母联 | 主变压器保护A | |
| 4 | 断路器控分 | 母联测控 | |
| 5 | 断路器控合 | 母联测控 | |
| 6 | 间隔隔离开关遥控分闸 | 母联测控 | |
| 7 | 间隔隔离开关遥控合闸 | 母联测控 | |
| 8 | A套智能终端远方复归 | 母联测控 | |
| 9 | B套智能终端远方复归 | 母联测控 | |
| 10 | … | … | |

### F.6.4.7.4 母联保护GOOSE开出虚回线路联调试验

| 序号 | 虚端子描述 | 目标装置 | 结果 |
|---|---|---|---|
| 1 | 保护跳闸出口 | 母联A套智能终端 | |
| 2 | 起动失灵 | A套母线保护 | |
| 3 | … | … | |

**F.6.4.7.5** 测控装置 GOOSE 开入虚回线路联调及遥信试验

| 序号 | 虚端子描述 | 信息来源 | 测控 | 后台 | 远动 |
|------|-----------|----------|------|------|------|
| 1 | SF$_6$ 压力降低报警 | 智能终端 | | | |
| 2 | 断路器位置信号 | 智能终端 | | | |
| 3 | 断路器位置信号 | 智能终端 | | | |
| 4 | 检修信号开入 | 智能终端 | | | |
| 5 | ... | ... | | | |

**F.6.4.7.6** 测控装置 GOOSE 开出虚回路检验

| 遥控信息描述 | 相关操作 | 实际状态 | 后台状态 | 远动状态 |
|-------------|---------|---------|---------|---------|
| 开关、隔离开关遥控 | 断路器分闸 | | | |
| | 断路器合闸 | | | |
| | 隔离开关分闸 | | | |
| | 隔离开关合闸 | | | |
| | ... | | | |

**注** 同步检查五防闭锁逻辑。

**F.6.4.8 检修压板配合试验**

（1）间隔压板的配合检查：在本间隔合并单元处模拟 A 相瞬时故障，检查检修压板在各种配合情况下的保护动作。

（2）母联保护配合。

| 序号 | 合并压板 | 母联压板 | 终端压板 | 母联保护动作 | 终端出口 | 检查结果 |
|------|---------|---------|---------|-------------|---------|---------|
| 1 | 不投 | 不投 | 不投 | 动作 | 动作 | |
| 2 | 不投 | 不投 | 投 | 动作 | 不动作 | |
| 3 | 不投 | 投 | 不投 | 不动作 | 不动作 | |
| 4 | 不投 | 投 | 投 | 不动作 | 不动作 | |
| 5 | 投 | 不投 | 不投 | 不动作 | 不动作 | |
| 6 | 投 | 投 | 不投 | 动作 | 不动作 | |
| 7 | 投 | 不投 | 投 | 不动作 | 不动作 | |
| 8 | 投 | 投 | 投 | 动作 | 动作 | |

**F.6.5 间隔 B 套二次系统定检试验**

参加 A 套二次系统定检试验。

## F.7　整组试验

试验仪器：模拟式继电保护测试仪。

试验方法：装置按运行条件，在合并单元前端加入模拟量，模拟各种故障试验。

| 序号 | 故障类别 | 母联保护动作情况 | 断路器动作情况 | 后台信号 |
|------|----------|------------------|----------------|----------|
| 1 | 单相瞬时 | | | |
| 2 | ABC 相瞬时 | | | |
| 3 | 单相延时 | | | |
| 4 | ABC 相延时 | | | |

## F.8　带负荷检验

以 UA 为基准，有功功率 $P=$ _____MW，无功功率 $Q=$ _____Mvar。

待校验间隔带负荷后，对相关保护装置进行极性检查。

| A套母联保护 | | B套母联保护 | | A套母差保护 | | B套母差保护 | |
|------|------|------|------|------|------|------|------|
| A | | A | | A | | A | |
| B | | B | | B | | B | |
| C | | C | | C | | C | |
| N | | N | | N | | N | |

| 测量 | | 计量 | | 故障录波 | |
|------|------|------|------|------|------|
| A | | A | | A | |
| B | | B | | B | |
| C | | C | | C | |
| N | | N | | N | |

## F.9　检验用主要试验仪器

| 序号 | 试验仪器名称 | 设备型号 | 编号 | 合格期限 |
|------|--------------|----------|------|----------|
| 1 | 数字式继电保护测试仪 | | | |
| 2 | 模拟式继电保护测试仪 | | | |
| 3 | 绝缘电阻表 | | | |

续表

| 序号 | 试验仪器名称 | 设备型号 | 编号 | 合格期限 |
|---|---|---|---|---|
| 4 | 万用表 | | | |
| 5 | 光功率计 | | | |
| 6 | 光源 | | | |
| 7 | 电子式互感器转换装置 | | | |
| 8 | | | | |

## F. 10 试验总结

　　总结本间隔定检情况，对遗留问题进行描述并给出相关建议，结合带负荷试验结果，对是否可投入运行下结论。